Heinrich Freyer

Fauna der in Krain bekannten Säugetiere, Vögel, Reptilien und Fische

bremen
university
press

Heinrich Freyer

Fauna der in Krain bekannten Säugetiere, Vögel, Reptilien und Fische

ISBN/EAN: 9783955622824

Auflage: 1

Erscheinungsjahr: 2013

Erscheinungsort: Bremen, Deutschland

bremen
university
press

FAUNA

der in

Krain bekannten Säugethiere, Vögel, Reptilien und Fische.

Nach Cuvier's System

geordnet,

mit Abbildungs-Citaten und Angabe des Vorkommens.

Nebst

einem vollständigen Register

der

lateinischen, deutschen und krainischen oder slavischen Namen.

Von

Heinrich Freyer,

Magister Pharmaciae, und Custos des Landes-Museums zu Laibach.

FAUNA

der in

Krain bekannten Säugethiere, Vögel, Reptilien und Fische.

Nach

CUVIER'S SYSTEM

geordnet,

mit Abbildungs-Citaten und Angabe des Vorkommens.

Nebst

einem vollständigen Register

der

lateinischen, deutschen und krainischen oder slavischen Namen.

Von

Heinrich Freyer,

Magister Pharmaciae, und Custos des Landes-Museums zu Laibach.

LAIBACH.

Gedruckt in der Eger'schen Gubernial-Buchdruckerei.

1842.

Oefteren Anfragen und Wünschen zu begegnen, zugleich für fernere Vervollständigung anzueifern, habe ich die vom Sigmund Freiherrn v. Zois mühsam und kostbar zusammengebrachten krainischen Benennungen der Vögel und Fische, nach Cuvier's System des Thierreiches, geordnet. Während mehrjährigen Reisen im Vaterlande, hatte ich Gelegenheit einen bedeutenden Zuwachs, der im Lande üblichen Naturalien=Namen zu sammeln, und habe dann jenen Gegenständen, denen solche noch mangelten, oder uns unbekannt blieben, entsprechende krainische Benennungen gegeben, und als neu mit F. bezeichnet.

Da mehrere krainische Schriften und Lesearten bestehen, und ich die ältere Schreibart beibehalte; so ist ein vergleichendes Alphabeticon angeschlossen.

Laibach im September 1841.

F.

Abkürzungen.

Buff. Buffon. Histoire naturelle générale et particuliere avec la description du Cabinet du Roi. Paris, 1749 — 1789. 4.

K. B. Die Wirbelthiere Europa's von A. Graf Keyserling und Professor J. H. Blasius. Braunschweig, 1840. 8.

Schreb. Schreber. Die Säugethiere. Erlangen, 1775 — 1824. 4.

Naum. J. F. Naumann. Naturgeschichte der Vögel Deutschlands. Leipzig, 1822 — 1824.

Frisch (J. L.) Vorstellung der Vögel in Deutschland. Berlin, 1773. Fol.

Noz. Nozeman. Nederlandsche Vogelen door Chr. Sepp en Zoon. Amsterdam, 1770 — 1789. Fol.

Sturm (Jacob.) Deutschland's Fauna in Abbildungen nach der Natur mit Beschreibungen. II. Abtheilung. Die Vögel. Nürnberg, 1829 — 1854. 8. Detto III. Abtheilung. Die Amphibien. Nürnberg, 1797 — 1828. 12.

Bl. D. M. E. Bloch's öconomische Naturgeschichte der Fische Deutschlands. Berlin, 1782. 4.

Maid. Maidinger. Icones piscium Austriae indigenarum. Vindob. 1785 — 1794. Fol.

V. Das Thierreich, geordnet nach seiner Organisation, vom Baron v. Cuvier. Nach der zweiten, vermehrten Ausgabe übersetzt, und durch Zusätze erweitert von L. S. Voigt. Leipzig, 1831. 8.

ALPHABETICON.

Krainiſch nach Truber	a	é	g	h	i	j	lj	nj	o	ò	s	ſ	ſh	ſhzh	u	v	z	zh
Neu nach Metelko		e		»	h	e		l	n	ө	з	s	ж	ш	ч		η	ч=tſch
Illyriſch				»	h	â	g	ly	ny	—	z	sz.s	ž	ś	sz cz	v	w	c	č
Böhmiſch			—	»				lj	—	ó	z	s.ſ	ž	š		v	w	c	č
Polniſch	a, é	é	—	»	ch	l		ł.l	ŧ,	èw èu	gn	u	z,	f,	sz	z	fange	v	w	c	cz
lautet	òn	i Naſenlaut														im Anfange	w	c	ć

τ = čsh; z = se. she. shje; 'z = she;
c' = se. she. shje; c' = zje.

⸗ Dehnungszeichen.

I.

MAMMALIA.

Säugethiere.

DOJIVNE SHIVALI.

Ferae. Raubthiere.

Erste Familie.

Cheiroptera. Handflügler. *S' perutnizami, s' flafóti.*

I. **RHINOLOPHUS.** *K.* Kammnafe. krainifch Mrázhnik.

1. **Rh. ferrum equinum** *Kuhl.* große Hufeifennafe. velki mrázhnik *F.*   1.)

Vespertilio ferr. equin. L. icon B u f f o n. I, 17. f. 2.

In Steinbrüchen.

2. **Rh. (V.) Hipposideros** *Bechst.* kleine Hufeifennafe. mali mrázhnik.   2.)

R h. Hippocrepis H e r m. ícon B u f f. VIII. 17. 2. S c h r e b e r t. 62. b.

In Steinbrüchen, Höhlen und Grotteneingängen, e. g. zu Knapovfhe im eher verlaffenen Kreuzftollen, wo auf Blei gearbeitet wurde; bei Reif= nitz; Lebnik Grotte ober Laak 1841.

II. **VESPERTILIO** *L.* Flebermaus. krain. natopir.

1. **V. Myotis** *Bechst.* rattenartige Fl. velki natopir.   3.)

V. murinus L. submurinus B r e h m. kr. syn. velki topir, velka pirnpoga= zhiza; iwindifch fheftopirenza, pol mifh-pol tizh; ic. B u f f. VIII. 16. S c h r e b. t. 51.

Auf Kirchböben.

2. **V. Daubentonii** *Leisl.* Daubentonifche Fl. Davbentonovi natopir *F.*   4.)

icon K u h l. t. 25.

Bei Feiftenberg in Unterkrain.

3. **V. serotinus** *L.* fpätfliegende Fl. ponozhni natopir. 5.)

Vesperus serotinus D a u b. ic. B u f f. VIII. 18. 2. S c h r e b. 53.

Unter Kirchenbächern und anderen wenig befuchten Gebäuden, hohlen Bäu= men.

1

4. V. Kuhlii *Natterer.* Kuhlíſche Fl. Kuhlijov natopir *F.* 6.)
Vesperugo Kuhlii K. B.
Nächſt Trieſt.

5. V. Noctula *L.* Speckmaus. mrázhni natopir *F.* 7.)
V. proterus Kuhl. lasiopterus Schreb. Vesperugo Noctula K. B. Kr. sgodni
nat.; winbiſch mrázhnik, ſhiſhmiſh. ic Buff. VIII. 18. 1. Schreb.
t. 58. B.
Auf Kirchen und in Bäumen.

6. V. Pipistrellus *Gm.* Zwergfledermaus. mali natopir. 8.)
Vesperugo Pipistrellus K. B. icon Buff. XVIII. 19. 1. Schreb. 54.
An Wäſſern, e. g. bei Reifnitz.

III. PLECOTUS *Geoffr.* Großohren. kr. pirnpogázhiza *F.*

1. Pl. (V.) auritus *L.* großöhrige Fledermaus. dolgoúhna pirnpogázhiza.   9.)
icon Buff. VIII. 17. 1. Schreb. t. 50. Frisch Vögel t. 103.
In Häuſern, Küchen, in Städten und Dörfern.

2. Pl. (V.) Barbastellus *Gm.* kurzmäulige Fl. mulaſta pirnpo-
gázhiza *F.*   10.)
Synotus Barbastellus Daub. icon Buff. VIII. 19. 2. Schreb. t. 55.
In Unterkrain.

Zweite Familie.

Insectivora. Inſektenfreſſer. *podsemelſke svir.*

I. ERINACEUS *L.*   Igel.   kr. jésh.

1. E. europaeus *L.* gemeiner Igel. navádni jésh. 11.)
ſvinſki in paſji jésh. icon Buff. VIII. 6 Schreb t. 162.
In Gehölzen, Zäunen, Gebüſchen, unter Baumwurzeln.

II. SOREX *L.*   Spitzmaus.   ſhtakor.
Leben in Löchern, die ſie ſelbſt graben.

1. S. araneus *L.* gemeine Spitzmaus. navádni ſhtakor. 12.)
Crocidura aranea Wagler. kr. ſhtakor, ſtrupěna miſh, ſhpizhmah. icon
Buff. VIII. 10. 1. Schreb. t. 160.

2. S. fodiens *Gm.* Waſſerſpitzmaus. povódnji ſhtakor *F.* 13.)
Crossopus fodiens Wagler. icon Buff. VIII. 11. Schreb. 161.
An Gewäſſern, im Bergbächlein an der Neuring bei Savenſtein, bei Fei-
ſtenberg.

III. TALPA *L.*   Maulwurf.   kr. kèrt.

1. T. europaea *L.* gemeiner Maulwurf. zherni kèrt. 14.)
syn. kertiza, gelbe Varietät, ruméni kèrt. icon. Buff. VIII. 12 Schreb.
156.

Dritte Familie.

Carnivora.	**Fleifchfreffer.**	***Sverina.***
PLANTIGRADA.	**Sohlengänger.**	

I. URSUS *L.*   Bär. Petz.   fr. médved.

1. U. Arctos *L.* brauner europäifcher B. rujávi médved. 15.)
syn. mêrhar. icon B u f f. VIII. 31. S ch r e b. 139.
Im Hochgebirge und größeren Wäldern.

2. U. spelaeus *Cuv.* Höhlenbär. okamnéno medvédovo hro-
dje *F.* 16.)
Palaeotherium Volpi non C u v. predpotópni médved F.
In der Abelsberger Kaifer Ferdinands Grotte in der Gegend des Tanzfaales,
unb am Calvarienberge; aber größere vollftänbigere Exemplare find in
der Mokriza Höhle auf der Kreuzer Alpe zu finden, woher ein Scelett
im krainifchen Landes=Mufeo aufbewahrt wird.

II. MELES *Storr.*   Dachs.   fr. jásbez.

1. M. Taxus *St.* europäifcher Dachs. lifafti jásbez *F.* 17.)
M. vulgaris S ch. Ursus Meles L. U. Taxus S ch r e b. icon B u f f. 7.
S chr e b. 142.
Lebt in felbft gegrabenen Löchern.

DIGITIGRADA.   **Zehengänger.**

I. FOETORIUS *K. B.* (Putorius *Cuv.*) Wiefel. fr. fmerdúh. *F.*

1. F. Putorius *K. B.* gem. Iltis. dihúr. velki fmerdúh. 18.)
Mustella Putorius L. Ratz. winbifch fmerdúh. icon B u f f. VII. 23. S chr e b.
138.
In Wäldern, in Städten und Dörfern auf Hühnerhöfen.

2. F. (M.) vulgaris *L.* kleine Wiefel. mali fmerdúh *F.* 19.)
Podláfiza. icon B u f f. VII. 29. 1. S ch r e b. 138.
In Häufern, Gärten, Feldern.

3. F. (M.) Erminea *L.* große Wiefel. beli fmerdúh *F.* 20.)
Hermelin. fr. kepén, bela podláfiza, popeliza. icon B u f f. VII. 29. 2. et
31. 1. S ch r e b. 137. A. B.
In Steinhaufen, Maulwurfslöchern bis in die Alpen e. g. auf der zherna
pèrft in der Wochein, an der Save.

II. MARTES. Mustella *Cuv.*   Marder.   fr. kúna.

1. M. nobilis.   Edelmarder.   shlahtna kúna. 21.)
Mustella Martes L. winbifch kna, kojna, keniza, kojnana. icon B u f f. VII.
22. S ch r e b. 130.
In Tannenwäldern.

2. M. (M.) Foina *L.*   Steinmarder.   hifhna kúna. 22.)
Hausmarder. icon B u f f. VII. 18. S ch r e b. 129.
In Häufern auf Hühnerhöfen.

III. LUTRA C.   Otter.   fr. vidra.

1. L. (M.) vulgaris *L.* Fischotter.   rujáva vidra. 23.)
icon Buff. VIII. 11. Schreb. 126. a.
An Flüssen.

IV. CANIS L.   Hund.   fr. pês, pèsiza, kusla.

1. C. Lupus *L.* Wolf.   volk, lies vouk. 24.)
icon Buff. VII. 1. Schreb. 81. et 88.

2. C. Vulpes *L.* gemeiner Fuchs.   rujáva lesíza. 25.)
lesjak, lisjak, lesíza. icon Schreb. 90.

V. FELIS L.   Katze.   fr. mázhek.

1. F. Lynx. Luchs.   ris ♂ risa ♀ 26.)
nach Pat. Marcus. hevz, levz, los, lisovt, bistrovid, ojstrovid. icon
Schreb. 109. B. et 119.
In Innerkrain.

2. F. Catus *L.* wilde Katze.   divji mazhek. 27.)
mazhka, muna, muza ♀ icon Buffon VI. 1. Schreb. 107. a.
In dichten Waldungen e. g. bei Reifnitz.

3. F. fossilis spelaea?   28.)
Eine große fossile Kinnlade einer ausgestorbenen unbekannten Katzenart,
hat Schreiber dieses bei Ausgrabung der Höhlenbären=Knochen im Tanz=
saale der Adelsberger Grotte aufgefunden, und ist der Museal=Samm=
lung beigelegt worden.

IV. Rosores.   Nagethiere.   *Glodavke.*

I. SCIURUS L.   Eichhörnchen.   fr. léverza.

1. Sc. vulgaris *L.* europäisches Eichh. navádna léverza. 29.)
s. veverza, vigoriza. icon Buff. VII. 32. Schreb. 212.
In Wäldern, (schwarzbraun, fuchsrothe seltener.)

II. MYOXUS Gm.   Schlafmäuse.   fr. pólh, lies póuh.

1. M. Glis *L.* Siebenschläfer.   velki pólh. 30.)
s. Bilch. Rellmaus. fr. pólh. icon Buff. VIII. 24. Schreb. 225.
In Baumlöchern, in dem Uskoken=Gebirge in Erdlöchern unter Felsen.

2. M. Nitella *Schreb.* große Haselmaus.   mali pólh. 31.)
syn. Mus quercinus L. Gartenschläfer. icon Buff. VIII. 25. Schreb. 226.
In Gärten, Mauerlöchern e. g. bei Reifnitz.

3. M. avellanarius *L.* kleine Haselmaus. rijavi pólh *F.* 32.)
M. muscardinus Schreb. Haselschläfer. icon Buff. VIII. 26. Schreb.
227.
In Wäldern, Haselgebüschen, in Unterkrain bei Ruckenstein, Reifnitz.

III. MUS *Cuv.* 𝔐a u ß. **fr.** miſh.

1. M. Musculus *L.* ŝauŝmauŝ. domázha miſh. 33.)

miſh. (plur.) icon B u ff. VII. 39. S ch r e b. 181.

2. M. Rattus *L.* ŝauŝratte. zhèrna podgána. 34.)

syn. fr.-jamſka podgána, weiße Barietät béla podgána, icon B uff. VII. 36. S ch r e b. 179.

Jn Häuſern unter Dachböben, in Bergwerken, in ber Abelŝberger Grotte.

3. M. decumanus *Pallas.* Wanberratte. ſiva podgána *F.* 35.)

podgána. icon B u ff. VIII. 27. S ch r e b. 178.

Jn Erbgeſchoſſen ber Häuſer, Cloaken, an Ufern, auf Felbern.

4. M. sylvaticus *L.* Walbmauŝ. hoſtna miſh. 36.)

Große Felbmauŝ. icon B u ff. VII. 41. S chr e b. 180.

Jn Wälbern, Gärten, auf Aeckern.

IV. HYPUDÆUS *Ill.* Felbmäuſe. **fr.** volúhar.

1. H. (M.) amphibius. Waſſerratte. povódni volúhar *F.* 37.)

Arvicola C u v. povódna podgána. icon B u ff. VII. 43. S ch r e b. 186.

An Ufern ber Gewäſſer e g. bei Feiſtenberg in Unterkrain.

2. H. (M.) terrestris. Schermauŝ. vélki volúhar. *F.* 38.)

Erbmauŝ, Erbratte. fr. volúhar, kertíza. icon B u f f. suppl. VII. t. 70.

Jn Wieſen unb Gärten.

3. H. (M.) arvalis *L.* kleine Felbmauŝ. mali volúhar. 39.)

Stoßmauŝ, Reitmauŝ. fr. volúharza. icon Buff. VII. 47. S chr e b. 191.

Jn Erblöchern auf Aeckern.

V. LEPUS *L.* ŝaſe. **fr.** sajz.

1. L. timidus *L.* gemeiner ŝaſe. divji sajz. 40.)

Felbhaſe. ♀ sajka. winbiſch sez. icon B u ff. VII. 38. S chr e b. 253.

Jn Wälbern, Felbern, Bergen.

2. L. variabilis *Pall.* Alpenhaſe. ſpremenivi sajz *F.* 41.)

Schneehaſe, veränberlicher ŝaſe, fr. planinſki sajz. ic. S ch r e b. 235. B.

Auf ben höchſten Alpen.

VI. Pachydermes. Bielhuſige Thiere.

I. SUS *L.* Schwein. **fr.** práſez.

1. S. Scrofa *L.* baŝ Schwein. domázhi preſhizh. 42.)

syn. baſúl. Sau frína. Eber divji práſez, merjáſz, pazhej. Ferkel preſe, puiſek. winbiſch kozhej, mizhej. icon B u ff. V. XIV. et XVII. S ch r e b. 320 et 522.

Nicht wilb in Krain, obwohl zuweilen welche erlegt wurbe, e. g. bei Auerŝberg 1835.

VII. Solipeda. Einhufige. *Kopitke.*

(Gezähmte Thiere.)

I. EQUUS *L.*   Pferd.   fr. konj.

1. E. Caballus *L.*   das Pferd.   ● pervajeni konj. 43.)

syn. kojn. Hengst shébez; Saumroß klusa; Fullen shrébe; Stute kobíla, windisch zisa, plasa, mora.

2. E. Asinus *L.*   Esel.   ósel ♂ osliza *(fem.)* 44.)

Maulesel fr. meség. icon Buff. IV. 11. Schreb. 312. 313.

VIII. Ruminantia. Pecora. Wiederkäuer, Zwei-hufer, fraîn. *govéda, preshvekvavne shivali.*

I. CERVUS.   Hirsch.   fr. jélen.

1. C. Elaphus *L.*   Edelhirsch.   jélen. 45.)

Hirschkuh, fr. koshúta; Spießhirsch lietnjak. icon Buff. VI. 9. 10. 12. Schreb. 247. A. — E.

In den Wäldern von Gottschee, Reifnitz, Schneeberg, Freudenthal, bei Ibria ausgerottet.

2. C. Capreolus *L.*   Reh.   fernák ♂ 46.)

Rehbock; Ricke, Schachtel, fr. férna. windisch fezna. icon Buff. VI. 32. 33. Schreb. 252. A. B.

In höheren Wäldern.

II. CAPELLA *K. B.*   Gazelle.   fr. damjek.

1. C. Rupicapra *K. B.*   Gemse.   pezhni damjek *F.* 47.)

Antilope Rupicapra L. fr. gamſ, pezhna kósa, damjek P. Marc. icon Buff. XII. 16. Schreb. 279.

In den Steiner Alpen auf der ſkuta, Wocheiner Alpen, pod kopíza! am Terglou, Mangart, Képa oder Mittagskogel ob Lengenfeld.

Gezähmte Wiederkäuer.

A. CAPRA *L.*   Bock. fr. kósel, ließ kósu ♂ kósa ♀

1. C. Hircus *L.*   Ziege.   pervájena kósa. 48.)

Kitz, fr. kósle, kóslizhek.

B. OVIS *L.*   Schaf.   fr. ovza.

1. O. Aries.   Widder.   pervájeni óven. (óven.) 49.)

Stoßwidder, fr. merkäzh, terkazh, hinej, Hammel, Schöps, koshtrun; brau, janz, jarz, Lamm, jagne, bizhek, vizhek, plur. dróbenza.

C. BOS *L.*   Ochs.   fr. vól.

1. B. Taurus *L.*   Hausochſe.   domázhi vól. 50.)

Stier bik; Ochſe vól, júnz; Kuh krava, jeníza (pull); Kalb téle.
* Auerochs, fr. túr, bivol, biſ, daher Auersberg túrjak.

II.

AVES.

Vögel.

PTIZE. TIZHI.

Erste Ordnung.

Accipitres (Rapaces.) Raubvögel. **kr.** *Ujéde.*

I. VULTUR. *L.*   Geier.   krain. jástrob *F.*

1. **V. fulvus** *Gm.* weißköpfiger Geier. beoglávi jástrob. 1.)

V. leucocephalus M a y e r; Trencalos B e c h s t.; alpinus Briss. percnopterus D a r m s t. O r n i t h. Brauner Geier. icon N a u m. I. 2.

Vaterland Afrika. 1775 wurde ein Exemplar auf dem Großkahlenberge nächst Laibach gesoffen. 1835 wurde ein Stück nächst Lustthal bei Laibach gefangen; welches in die k. k. Menagerie nach Schönbrunn von Sr. Excellenz dem Freiherrn v. Erberg lebend übersendet worden ist.

2. **V. cinereus** *L.*   grauer Geier.   sivi jástrob. 2.)

V. Monachus pl. enl. Arrianus Picot, (bengalensis —, vulgaris —, cristatus) niger Vieil. Gyps cinereus Sav. icon B u f f. enl. 426. N a u m. t. 1.

II. GYPÆTOS *Storr.*   Bartgeier.   sèr illyr.

1. **G. barbatus** *St.*   Lämmergeier.   berkasti sèr. 3.)

G. leucocephalus M a y e r, melanocephalus pullus, Vultur barbatus L. Geieradler; icon N a u m. I. 4. 5.

Nach Z o i s von der Gervenzen Alpe in Kärnten.

III. FALCO *Bechst.*   Edelfalke.   kr. skólizh.

1. **F. communis** *Gm.*   Wanderfalke.   hoftni skólizh. 4.)

F. peregrinus C u v. barbarus. hornotinus. abietinus B e c h s t. Tannenfalke, Taubenfalke, kr. lavin. icon N a u m. n. A. t. 24. 25. F r i s ch. 83. sem. biennalis, 87.

In großen Wäldern und Gebirgsgegenden. Nistet in steilsten Felsen.

2. **F. Subbuteo** *L.*   Baumfalke.   drevni skólizh *F.* 5.)

Lerchenfalke, kr. sköl. icon N o z e m a n n 118. N a u m. n. A. 26. F r i s ch. 86. 87.

e. g. bei Reifnitz ꝛc.

3. **F. Aesalon** *L.*   Zwergfalke.   mali skólizh. 6.)

F. caesius M a y e r. lithofalco G m. Regulus P a l l. Blaufalke; Merlin; Schmirl, kr. skólizh, tízhar, shkrika Z ò i s. simor. P. M. icon N a u m. n. A. 27.

In Felsen nistend.

4. **F. Tinnunculus** *L. Scop.* Thurmfalke. poſtóvka ſkólizh *F.*   7.)

F. brunneus B e·ch s t. pull. Windwachel, Rittelfalt; tr. poſtójka, poſtóvka. icon N o z. 157 ♂, 158 ♀ cum ovo. N a u m. n. A. 30. F r i s ch.
84 ♂ · 85. 88. ♀
In Felſen, alten Schlöſſern, Thürmen.

5. **F. Cenchris** *Frisch. & Naum.* kleiner Thurmfalke. poſtójni
ſkólizh *F.*   8.)

F. tinnunculoides T e m m. icon F r i s ch. 89. N a u m. n. A. 29.
Aus ſüdlichem Europa; bei Kaltenbrunn nächſt Laibach erlegt. Z o i s in
litteris.

6. **F. rufipes** *Beseke.* rothfüßiger F. rudezhonogni ſkólizh. 9.)

F. vespertinus G m. icon N a u m. n. A. 28. S t u r m Heft 3. t. 1. 2.
In felſigen Gegenden e. g. bei Ibria.

IV. AQUILA *Cuv.*   Adler.   tr. Órel, lieš óru.

1. **A. fulva** *C.*   Steinadler.   planinſki orèl. 10.)

A. melanaëtos B. chrysaetos G m. niger, albus, Mogilnik G m. nobilis P a l l.
Falco fulvus L. Goldadler, tr. syn. velki rujavi orèl, velki zherni orèl,
velka poſtójna, iron F r i s ch 69. Naum. n. A. 8. 9.

In hohen Gebirgen; Kumberg, Stangenwald, Zhaven ob Heidenſchaft;
niſtet in der Wochein in Felſen der zherna pèrſt.

2. **A. naevia** *Briss.*   Schreiadler.   ſivi orèl. 11.)

Falco naevius L. maculatus L. A. Clanga P a l l. tr. mali ſivi orèl. icon
N a u m. n. A. 10. 11.
Gebirgsvogel aus Süden.

V. HALIAËTOS *Sav.*   Fiſchadler.   tr. poſtójna.

1. **H. (F.) ossifragus.** Seeadler. jesérſka poſtójna *F.* 12.)

Falco albicilla G m. S c o p. albicaudus, Glaucopis, Vultur albicilla L.
Aquila leucocephala M. Weinbrecher, tr. poſtójna, poln. lomignat. icon
F r i s ch. 70. N a u m. n. A. 12 — 14.
Oberkrain Hochgebirg, auch bei Reifniß.

VI. PANDION *Sav.*   Flußadler.   tr. ſkôpiz *F.*

1. **P. Haliaëtus** *S.*   Flußfiſchadler. povódni ſkôpiz. 13.)

Aquila Haliaëtus M. Falco arundinaceus, corolinensis G m. Fiſchadler, tr.
morſki orèl, ljun, fultran sec. P. M. icon N a u m. n. A. 16.
Lebt von Fiſchen.

VII. CIRCAËTOS *Vieil.*   Schlangenadler.   tr. kázhar *F.*

1. **C. (F.) brachydactylus.** kurzzehiger Schl. gojsdni kázhar.   14.)

Aquila brachydactyla M. leucamphomma D a r m s t. O r n. Falco gallicus
G m. leucopsis B e c h s t. tr. lún? icon N a u m. 15.

Bei Ibria öfters vorkommend.

VIII. ASTUR. *Bechst.* Habicht. fr. krégulj.

1. A. (F.) palumbarius *L.* gemeiner Hab. golóbji krégulj 15.)

Daedalion — Sav. Falco gallinarius Gm. (pull.) gentilis Gm. Buteo Scop.
Lath. var V Stockfalke, Taubenstößer, Hühnerhabicht, fr. golobár,
pifhzhenik, golóbji jáltrob; fekólz P. M. icon Frisch 72 avis biennis, 81 fem. adulta, 82 mas. adultus, 73 fem. primi anni, Naum.
n. A. 17. 18.
Auf niederen Gebirgen.

2. A. (F.) Nisus *L. Sc.* Sperber. mali krégulj. 16.)

Accipiter Nisus Pall. Finkenstößer, Finkenhabicht. fr. krégul, kréguljzhek,
krogular, tázhar, fhprinzlar; winbifch kragulzh, fkopez, jaltreb, icon Noz.
117. c. ovo. Frisch 90 ♂ · 91 ♀ · 92. ♂ primi anni. Naum. n.
A. 19. 20.
Laibachs Umgebung ꝛc.

IX. MILVUS *Bechst.* Milan. fr. fhkárnjek. *F.*

1. M. regalis *Briss.* Gabelweihe. rujávi fhkárnjek. 17.)

Falco Milvus L. Austriacus Gm. (pull.) aeruginosus Noz. Königsweihe,
rother Milan. fr. laja poln. pivlik. icon Noz. t. 8. 9. cum nido.
Naum. n. A. 31. f. 1.
Lebt von Amphibien.

2. M. fuscoater *Cuv.* schwarzbrauner Milan. kóftanjevi
fhkárnjek. 18.)

Falco fuscoater M. ater, aegyptius, Forskalii Gm. parasiticus Lath, niger
Briss. fr. jáftrob, kokofhár. icon Naum. n. A. 31. 2.
An Flußufern.

X. PERNIS *Cuv.* Wespenbuffard. fr. fherfhenár *F.*

1. P. (F.) apivorus *C.* Wespenfalk. kóftanjevi fherfhenár. 19.)

Falco polyorhynchos Bechst. icon Naum. n. A. 35. 36.
Jagt nach Infekten.

XI. BUTEO *Bechst.* Buffard. fr. kájna.

1. B. (F.) Lagopus *B.* rauhfüffiger B. kózafta kájna *F.* 20.)

Schnee=Aar. icon Frisch. 75. Naum. 54.

2. B. vulgaris *B.* Mäufefalk. mifhja kájna. 21.)

B. communis, Falco Buteo L, albidus Bechst. variegatus Gm. fuscus
Merrem. Mäufebuffard, Stockaar. fr. syn. kájna zu Unterkrain,
kánja in Oberkrain. kajnek, kánjek, winbifch kanjaz, kanjuh, frakoliza,
icon Frisch 71 ♂ biennis 71. Naum. n. A. 32. 33.

In Wäldern e. g. Stadtwald.

XII. CIRCUS *Bechst.* Weihe. fr. poftóvka.

1. C. (F.) Pygargus *L.* Kornweihe. pôljfka poftóvka *F.* 22.)

Falco cyaneus L. rufus, griseus, bohemicus Gm. montanus B. uliginosus,
glaucus Bartr. C. cyaneus. Halbweihe, Blauhabicht. fr. fivi órel,
fplinz, böhm. mifhjilóvez. icon Noz. 199. Frisch 79 ♂ · 80 ♂
triennalis. Naum. n. A. 58. 2. et 39. 1. 2.
Auf Feldern jagend.

2

2. C. (F.) **cineraceus** *Montag.* Wiefenweihe. pepélnata poftóvka.   23.)

F. cinerascens M. afchgraue Weihe. icon N a u m. n. A. 1. 7. 40.

3. C. (F.) **rufus** *L.* Rohrweihe. tèrſtna poftóvka *F.* 24.)

F. aeruginosus L. arundinaceus B e. Krameri El. Sumpfweihe, Roſtweihe. ſr. pléſhiz, paſtolka, razhar, jaſtrob. icon F r i s c h 77. 78. biennis.' N a u m. n. A. 57. 1.

An Sümpfen und Teichen.

Strix. Eule. krain. *Sóva.*

I. ÆGOLIUS *K. B.* (O t u s *Cuv.*) Ohrkautz. ſr. úharza. *F.*

1. Ae. (Str.) O t u s *L.* mittlerer Ohrkautz. léſna úharza. 25.)

St. soloniensis G m. Waldohreule, mala úhaſta fóva. icon N o z. 155 c. ovo. F r i s c h 99. N a u m. 45. 1.

In Wäldern e. g. Stadtwald.

2. Ae. (St.) **brachyotus** *Forst.* kurzöhrige Eule. mlákna úharza *F.*   26.)

St. Ulula G m. L a t h. palustris S i e m s. tripennis S c h r a n k. Aegolius P a l l. arctica S p a r r m. Wiefeneule, Sumpfeule. icon F r i s c h 98. N a u m. 45. 2.

II. STRIX *Sav.*   Schleiereule.   ſr. mertváſhiza *F.*

1. St. **flammea** *L.* gemeine Schleiereule. pégaſta mertváſhiza *F.*   27.)

Schäfereule, Perleule. ſr. pégaſta fova, mertváſhka tíza. icon N o z. 155 c. ovo. F r i s c h 97. N a u m. 47. 2.

In Kirchthürmen, bei St. Jörgen in Jarſhe, bei hl. Grab nächſt Laibach.

III. SYRNIUM *Sav.*   Baumeule.   ſr. fóva.

1. S. **Aluco** *S.*   Brandeule.   léſna fóva *F.* 28.)

Ulula — C u v. Strix Aluco L. S c o p. stridula L. S c. Noctua, rufa. silvestris, alba S c o p. Ulula N o z. Nachtbrandeule, Nachteule, Brandkautz, Holzeule, Baumkautz. ſr. syn. fiva fóva, rijáva fóva, ruména fóva, ſkálna fóva; vuboj P. M. icon N o z. 34 ♀ c. ovo. 35 ♂ F r i s c h 94. 95. ♀. 96 ♂ biennalis. N a u m. 46. 47. 1.

In hohlen Bäumen e. g. Stadtwald, Kaltenbrunn.

IV. BUBO *Cuv.*   Schuhu.   ſr. bubuj.

1. B. **maximus** *Ranz.* großer Schuhu. velki bubuj. 29.)

Strix Bubo L. Uhu, große Ohreule, ſr. léſni bubuj, velka léſna fóva, grosna fóva, fovjak, gvir, jonſt; winbiſch bubuj, podhuika. icon F r i s c h 93. N a u m. 44.

In Gebirgswäldern.

V. SURNIA *Dumer.*   Habichtseule.   ſr. ſkovík.

1. S. **uralensis** *Schinz.* große Habichtse. velki ſkovík *F.* 30.)

Noctua — S a v. Ulula — Strix — P a l l. Strix macroura Natt. liturata R e t z. icon N a u m. 42. 1.

In Gebirgswäldern bei Reifnitz, Schneeberg, niſtete bei Gerlachſtein.

2. S. acadica *L.* Zwergfauß. mali ſkovík *F.* 31.)

Strix pygmaea **B e c h s t.** pusilla **D a u d.** passerina **T e g m.** Sperlingseule.
icon **N a u m.** 43. ſ 1. 2.

Sehr ſelten; bei Reifniß.

3. S. dasypus *Bechst.* rauhfüſſiger K. kózaſti ſkovík *F.* 32.)

Str. Tengmalmi L. passerina **M a y e r** et **W o l f.** Nyctale **T e n g m. B r e h m.**
icon **N a u m.** 48. f. 1. 2.

Im Gehölze.

4. S. passerina *L. Sc.* gemeiner Kauß. lóvni ſkovík *F.* 33.)

S. Noctua **R e tz** Strix accipitrina **G m.** Noctna **R e tz.** nudipes **N i l s o n.**
Noctua minor aucuparia **N o z.** Käußchen. ſr. zhovínk, zhovítel, ſkópéz;
hotap P. M. icon **N o z.** 38. **F r i s c h** 100 **N a u m.** 48. 1.

In Steinbrüchen, alten Schlöſſern.

VI. EPHALTES *K. B.* Ohreule. ſr. zhúk.

1. E. (Str.) Scops *L.* Zwergohreule. úhaſti zhúk. *F.* 34.)

Strix carniolica **G m.** Gio **S c o p.** Zorca **C e t t i** ; pulchella **P a l l.** icon
N o z. 193. **N a u m.** 43. 3.

In Felſen, Baumlöchern.

Zweite Ordnung.

Passeres. Sperlingsartige Vögel.
ſr. *pevke.*

Erste Familie.

Dentirostres; Insectivores. Zahnſchnäbler.

I. LANIUS *L.* Würger. ſr. Srákoper.

1. L. Excubitor *L.* großer grauer Würg. velki ſrákoper. 35.)

ſr. syn. ſivi ſrákoper. icon **N o z.** 64 c. nido. **F r i s c h** 59 β. 60 ♀ **N a u m.**
49.

Niſtet auf Bäumen.

2. L. minor *L.* ſchwarzſtirniger Würger. zhernozhélni ſrákoper *F.* 36.)

icon **F r i s c h** 60 ♂ **N a u m.** 50.

Bei Reifniß.

3. L. ruſus *Briss.* rothköpfiger Würger. mali ſrákoper. 37.)

L. ruſiceps **R e tz.** Collurio rufus L. pomeranus **G m.** ruficollis **S h.** rutilus
L a t h. icon **N a u m.** 51. **F r i s c h** 61. 2.

4. L. collurio *L.* Dornbreher. rujavi ſrákoper. 38.)

L. spinitorquus **B e c h s t.** rutilus **L a t h.** rothrückiger Würger, Neuntödter.
ſr. ſjelniza icon **F r i s c h** 61 ♀ **N a u m.** 52.

An Zäunen, Gebüschen.

II. MUSCICAPA *Cuv.*   Fliegenfänger.   kr. múhar.

1. **M. grisola** *L.*   geflecfter Fl.   velki múhar. 39.)

    syn. láſhka péniza. icon **F r i s c h** 22. 2. b. ♂ **N a u m.** I. 41. f. 92.
    In Gärten.

2. **M. albicollis** *Temm.* weißhalſiger Fl. zherni múhar. 40.)

    M. atricapilla L. muscipeta L. collaris B e ch s t. Motacilla Ficednla G m.
    F r i s ch. 22. 2 a. Emberiza luctuosa S c o p. F r i s ch. 24. 2. kr. syn.
    ſigojédka , ſigojevka , leshetrudnik. icon N a u m. 65.
    Niſtet in Baumſtämmen. Innerkrain.

III. BOMBYCILLA *Briss.* Seidenſchwanz.   kr. pégam.

1. **B. Garrulus** *B.* europäiſcher S. zhópaſti pégam. 41.)

    Bombycivora Garrulus T e m m. Ampelis Garrula L. S c o p. Peſtvogel. icon
    N o z. 104. F r i s c h 32 ♂.
    Aus hohen Norden ſelten erſcheinend.

IV. TURDUS *L.*   Droſſel.   kr. dróseg.

1. **T. Merula** *L. Sc.*   Amſel.   zherni dróseg. 42.)

    T. ater Merula N o z. Schwarzdroſſel. kr. kóſ! icon N o z. 10. c. nido,
    F r i s ch 29. N a u m. 71.
    Waldvogel.

2. **T. torquatus** *L. Sc.* Ringdroſſel. kómatni dróseg. *F.* 43.)

    Halsbanddroſſel. kr. kómatar. icon N o z. 125 c. ovo. F r i s ch 30. N a u m.
    70.
    In Gebirgsgegenden bis in die Alpen.

3. **T. saxatilis** *Lath. Sc.* Steindroſſel. ſhkèrlj dróseg. *F.* 44.)

    Lanius infaustus G m. Petrocichla sax. V i g. Steinröthel. kr. flégar, ſkèrlj,
    kamenizhar. icon F r i s ch 32. N a u m. 73.
    In Innerkrain.

4. **T. cyanus** *L.*   Blaudroſſel.   plavi dróseg. 45.)

    T. solitarius E n l. Passer solitarius A l b. Petrocossyphus cyanus B o c e.
    Blaumerle. icon N a u m. 72.

5. **T. viscivorus** *L. Sc.* Miſteldroſſel. velki dróseg. 46.)

    Ziemer, Schneer. kr. zarar, drosgazh, dreſkazh; windiſch derſkázh. icon
    F r i s ch 25. N a u m. 66. 1.

6. **T. pilaris** *L. Sc.* Wachholderdroſſel. brínovi dróseg. *F.* 47.)

    Krammetsvogel. kr. velka brínovka ; windiſch ſmolniza, ſmovniza. icon N o z.
    121. F r i s ch 26. N a u m. 67. 2.

7. **T. musicus** *L. Sc.*   Singdroſſel.   navadni dróseg. 48.)

    T. pilaris minor N o z. Zippe, kr. dróseg! bóvz, zíkovt. icon N o z. 13.
    F r i s ch 27. 33 et 33 suppl. var. N a u m. 66. 2.

8. **T. illiacus** *L. Sc.*   Rothdroſſel.   beli dróseg. 49.)

    Weindroſſel , kr. mala brínovka ; windiſch drosizh, drasej. icon N o z. 12.
    F r i s ch 28.

V. **CINCLUS** *Bechst.* Wafferſchwätzer. fr. kôſ.

1. C. aqualicus B. weißbauchiger W. vódni kôſ. 50.)

Sturnus Cinclus L. Turdus Cinclus Lath. Merula aqnatica Briss. Waſ=
feramfel, Bachamfel. fr. povódni kôf. icon Noz. 14. Naum, 72. 114.
An flaren Flüffen und Bächen, e. g. Jauerburg, Jbria.

VI. **GRACULA** *Cuv.* Rofendroffel. fr. drosgéla *F.*

1. G. rosea *C.* rofenfarbige D. rudézhkafta drosgéla. 51.)

Turdus seleucus Gm. Turdus roseus L. Sturnus — Scop. Pastor —
Temm Merula — Briss. Naum. Acridotheres — Ranzani. Hirten=
vogel. rosbafti dróseg. icon Sturm. H. III. t. 4.
Im Zuge felten, e. g. bei Jbria. 2c.

VII. **PYRRHOCORAX** *Cuv.* Steinrabe. fr. krámperza.

1. P. alpinus *C.* Schneedohle. planinfka krámperza. 52.)

Corvus Pyrrhocorax L. Steinfrähe, Alpendohle. fr. krámperza, planinfki
fhkorz, illyr. vajk. icon Naum. 57. Sturm H. III. t. 3.
In Alpen häufig, in Felfenflüften niftend.

VIII. **ORIOLUS** *L.* Pirol. fr. kobílar.

1. O. Galbula *L.* europäifcher Pirol. ruméni kobílar. 53.)

Coracias Oriolus L. Coracias Galbula Scop. Goldamfel. icon Noz. 11.
c nido. Naum. 40. 89. 90. Frisch. 31 et 31 suppl.
In Hainen und Wäldern.

Motacillae *L.* Feinfchnäbler.

I. **SAXICOLA** *Bechst.* Steinfchmätzer. fr. prúfnik.

1. S. (M.) rubicola *Gm.* fchwarzfehliger St. zhèrnovratni
prúfnik *F.* 54.)

Mot. Tschecantschia Gm. fr. bela péniza, beli múhárzhck. icon Naum.
Nachtr. 43. f. 85 — 6. 90. 3. 1. 5.
In Gebüfchen.

2. S. (M.) Rubetra *Gm.* braunfehliger St. rujávi prúfnik. 55.)
Sylvia Rubetra Scop. Pratincola — Koch. Braunfehlchen. fr. velka péniza, répaljfhiza. icon Frisch 22. 1. b. Naum. I. 48. f. 113. 114.
89 3. 4.
In Gebirgëwiefen biß in die Alpen.

3. S. (M.) Oenanthe *L.* graurücfiger St. belorepni prú-
fnik *F.* 56.)
Steinfchmätzer. fr. belorífka, belorépez, prúfnik. icon Noz. 85. c. nido.
Frisch. 22. 1. a. Naum. 89. 1. 2. I. t. 48. f. 111. 112.
Auf frifch gepflügten Aecfern, im Sommer auf Bergen.

II. **SYLVIA** *Wolf & Mayer.* Sänger. fr. táfhiza.

1. S. (M.) rubecula *Lath. Sc.* Rothfehlchen. ruména lá-
fhiza. 57.)

Ficedula — B e c h s t. Erithacus — S w a i n s. Lusciola E. — . **K. B. Fr.**
tášhiza , fhmárniza , bábiza. icon N o z. 48. c, nido, F r i s c h 19. 1. b.
N a u m. 75. 1. 2. I, t. 35. f. 73.
Neugieriger Gebüschvogel.

2. S. (M.) s u e c i c a *Lath.* Blaukehlchen. plava tášhiza *F.* 58.)

Ficedula — B. S. Cyanecula M. Cyanecula svecica B r e h m. Lusciola D — K.
B. icon F r i s c h 19. 2. a. b. et 20. 1. b. ♀. N a u m. 75. 5. — 5. I.
t. 36. f. 78. 79.
In Gebüschen nahe am Wasser; selten.

3. S. (M.) P h o e n i c u r u s *Lath. Sc.* Schwarzkehlchen. rujá-va tášhiza *F.* 59.)

Ficedula — B. M. Sylvia N o z. Ruticilla P h. B r e h m. Lusciola F. — . K. B.
Rothschwänzchen , Gartenröthling ; Fr. pogovélzhik , rudézhorepka. icon
N o z, 46. c. nido. F r i s c h 19. 1. a 20. 1. a ♀ var. 2. a ♀ adulta.
2. b ♂ var. N a u m. 79. 1. 2. I. t. 37. f. 80. 81.
Bis in die Alpen.

4. S. (M.) T i t h y s *Lath. Sc.* schwarzbäuchiger Sänger. zher-na tášhiza. 60.)

Ficedula — B. Motacilla Erithacus G m. gibraltariensis , atrata , ochrua ;
Ruticilla Tithys B r e h m. Lusciola F. — K. B. Walbrothschweifel ,
Wistling, Hausröthling. Fr. syn. shvirgla , ilovshiza , brojiza , fhmárni-
za , lipek? icon N o z, 184. N a u m. 79. 3. 4. I. t. 37. f. 82. 83.
In Felsen , auf Steinen der Alpen.

III. CURRUCA *Bechst.*   Grasmücke.   fr. péniza.

1. C. (M.) L u s c i n i a *B.* Nachtigal. flávez péniza *F.* 61.)

Sylvia Lusciola L a t h. S c o p. Lusciola — K. B. Fr. flavéz ! flávzhik ; wins
blsch flavizh. icon N o z. 65. c. nido. F r i s c h 21. 1. a. N a u m. 72. 2.
et I. t. 36. f. 77.
In dichten Gebüschen an Wasser = Nähe.

2. C. (M.) P h i l o m e l a *Bechst.* Sprosser. ponózhna péni-za. *F.* 62.)

Sylvia Philomela. M. Luscinia major L. Lusciola Philomela K. B. Bastarb-
nachtigal, Sprossergrasmücke, Wiener — ungarische Nachtigall. Fr. velki flavez icon F r i s c h 21. 1. b. N a u m. 74. 1. et Nachtr. t. 26. f. 52.
In Gebüschen an Ufern.

3. C. (M.) t u r d o i d e s *B.* Drosselsänger. drósgova péni-za *F.* 63.)

Sylvia — M a y e r. Salicaria — S e l b y. Turdus arundinaceus L. T junco
N o z. großer Rohrsänger, Fr. velki tèrsíni grábez, icon N o z. 51. c.
nido. N a u m. I. t. 46. f. 103.

Im Schilf von Wasserinsekten lebend.

4. C. (M.) a r u n d i n a c e a *Gm.* Teichsänger. tèrsína péniza. 64.)

Sylvia — L a t h. Salicaria — S e l b y. Kleiner Rohrspatz. Fr. tèrsíni mú-
harzhik , terstniza F. icon N a u m. 81. 2. et I. t. 46. f. 104.

Im dicksten Rohr, bei Laibach im Thiergarten Junio.

5. C. (M.) Phragmitis *Bechst.* Schilffänger. bizhlja péni- za *F.* 65.)

Sylvia — B. Salicaria — S e l b y. icon N a u m. I. 46. f. 107.

In Geſträuchen an Sümpfen im Schilf.

6. C. (M.) aquatica *Temm.* Binſenſänger. pervódna péni- za *F.* 66.)

Sylvia — L a t h. Salicaria — S e l b y. Sylvia Salicaria B. Schoenobanus S c o p. Turdus junco minor N o z. kr. tèrſtna péniza Z. icon. N o z. 53. c. nido. N a u m. I. t. 47. f. 206.

In Rohrteichen, e. g. Thiergarten.

7. C. (M.) Cariceti *Naum.* III. p. 668. n. 94. Riebgras= ſänger. liſaſta péniza *F.* 67.)

Salicaria — S e l b y.

Bei Reifnitz.

8. C. (M.) atricapilla *B.* ſchwarzſcheitliger Sänger. zher- noglávna péniza *F.* 68.)

Sylvia atricapilla L a t h. S c. albifrons B. (var.) Schwarzblattel, Mönch, Schwarzkopf. kr. zhernoglávka, zherna péniza. icon F r i s c h 23. 1. N a u m. 77. 2. 3.

In Laubhölzern.

9. C. (M.) nisoria *Bechst.* geſperberter Sänger. piſana pé- niza *F.* 69.)

Sylvia — B. Sperbergrasmücke. icon N a u m. 76. 1. 2.

Bei Reifnitz.

10. C. Garrula *B.* Klapperſänger. brolíza péniza. 70.)

Motacilla Curruca, dumetorum. G m. Sylvia Curruca L a t h. S c o p. N a u m. Garrula B. Müllerchen, Zaungrasmücke. kr. brolíza, boréliza, péniza. icon F r i s c h 21. 2. a. N a u m. 77. 1.

11. C. (M.) cinerea *C.* fahler Sänger. ſiva péniza. 71.)

Motacilla Sylvia L. gemeine Grasmücke, Dorngrasmücke. kr. tèrſtni zísek, tèrſtni zájselz. icon N o z. 52. N a u m. 78. 1. 2. et I. t. 33. f. 69.

Im Thiergarten Zois. bei Jbria ꝛc.

12. C. (M.) hortensis *Bechst.* grauer Sänger. vertna pé- niza. 72.)

Motacilla Salicaria L. graue Grasmücke. icon N o z. 72. N a u m. 78. et I. 53. f. 68.

IV. ACCENTOR *B.* Fluevogel. kr. pévka *F.*

1. A. alpinus *B.* Alpen=Fluevogel. velka pévka. 73.)

Motacilla alpina G m. M. Sturnus collaris S c o p. icon. N a u m. 92. 1.

Auf Triften der Hochalpen.

2. A. modularis. *B.* ſchieferbrüſtiger Fluev. mala pévka. 74.)

Sylvia modularis L a t h. Motacilla — L. Curruca sepiaria B r i s s. kr. pé- niza. icon F r i s c h 21. 2. b. N a u m. 92. 3. 4. et I. XIII. f. 32.

In jungem dichten Schwarzgehölze.

V. REGULUS *Cuv.*   Laubvögel.   fr. líſtniza·*F.*

1. R. crococephalus *Brehm.* Goldhähnchen. zhópaſta líſt-
niza *F.*   75.)
R. aureocapillus, cristatus K o c h, Motacilla Regulus G m. Sylvia — L a t h.
   S c. gekrönter Sänger. fr. králjizhek, pavzhek. icon N o z, 150. F r i s c h
   24. 4. N a u m. 93. 1. 2. 3. et I. t. 47. f. 109. 110.
In Schwarzwäldern, bei Ibria ꝛc.

2. R. ignicapillus *C.* feuerköpfiges G. kraljeva líſtniza. 76.)
R. pyrrhocephalus B r e h m. Sylvia ignicapilla B r e h m. icon N a u m. 93. 4,
   5. 6.
In Nadelwäldern, Gartengebüschen, e. g. bei Ibria.

3. R. (M.) Trochilus *Lath.* Fitisſänger. brésje líſtniza. 77.)
Sylvia Fitis B e c h s t. Ficedula Troch. K. Sylv. Acredula G m. Birkenſänger.
   Schmidtl, fr. kóvazhek, mali müharzhek. icon F r i s c h 24. 1. N a u m.
   80. 3. Nachtr. V. f. 12.
In Wäldern und Gebüschen.

4. R. (M.) Hypolais *Gm.* gelbbäuchiger Sänger. ruména
líſtniza.   78.)
Sylvia Hippolais L a t h. Ficedula Hypolais K o c h. großſchnäbliger Laubſän=
   ger, Gartenlaubvogel. icon N a u m. 81. 1. et I. t. 41. f. 91.
In dichten Gebüschen.

5. R. (M.) Sibilatrix *B.* grüner Laubſ. seléna líſtniza. 79.)
Ficedula — K o c h. Sylvia — B. Sylvia sylvicola L a t h. Laubvögelchen,
   Waldlaubvogel; germóvſhza F. icon N a u m. 80. 2. Nachtr. t. 5. f. 12.
In Wäldern.

6. R. (M.) rufus *C.* Weidenſänger. vèrbje líſtniza. 80.)
Sylvia rufa L a t h. abietina N i l s. Hippolais Pennant. Trochilus lotharin-
   gicus G m. grauer Laubſänger, Weidenzeiſig. fr. tèrſtni müharzhik. icon
   N a u m. 80. 4. et I. 35. f. 76.
In Vorhölzern, besonders der Schwarzwälder.

VI. TROGLODYTES *Cur.*   Zaunkönig.   fr. ſtèrshek.

1. Tr. punctatus *V.* gemeiner Zaunk. rujávi ſtèrshek. 81.)
Tr. parvulus K o c h. Sylvia Troglodytes L a t h. S c o p. Motacilla — G m.
   Schneekönig. fr. ſtrjeshek, pavzhezh P. M. icon N o z. 59. c. nido.
   F r i s c h 24. 3. N a n m. 85. 4. et I, 47. f. 108.
In Wäldern.

VII. MOTACILLA *Bechst.*   Bachſtelze.   fr. plifka.

1. M. alba *L.*   weiße Bachſtelze.   bela plifka. 82.)
M. cinerea L. fr. syn. bela paſtariza, zherna paſtaríza, vertorepka, plifka
   bei Ibria; windiſch llifka.
An Zee= und Flußufern.

VIII. BUDYTES *Cur.*   Kuhſtelze.   fr. paſtarízhiza.

1. B. (M.) flava *C.* gelbe Bachſt. ruména paſtarízhiza. 83.)
M. sulphurea B e c h s t. flava S c o p. chrysogastra B. fr. ruména paſtariza.
   icon N o z. 55. c. nido. N a u m. I. t. 39. f. 88. F r i s c h 25. 2.
Auf Viehweiden.

2. B. (M.) Boarula *Gm.* graue Bachſtelʒe. ſiva paſtarízhiza.   84.)

M. flava L. Kuhſtelʒe, fr, ſesávka, ſiva paſtaríza. icon Naum, Nachtr.
    VI. f. 13. 14.
In gebirgigen Gegenden.

IX. ANTHUS *Bechst.*   Pieper.   fr. zipa.
1. A. arboreus *B.*   Baumpieper.   mala zipa. 85.)

Alauda trivialis L. minor L. obscnra Lath. Motacilla maculata Gm. (pull.)
    Pipplerche, fr, shushnja, iſhperl, icon Noz. 108. cum nido. Frisch
    16. 2. a. Naum. II. 8. f. 12.
In bergigen, walbigen Gegenden, biß in die Alpen.

2. A. pratensis *B.*   Wieſenpieper.   trávenſka zipa. 86.)

Alauda — L. fr. trávenſki fhkerjänz. icon Noz. 176. Frisch 16. 1. b.
    Naum. 84. 3. et 85. 1. et II. 8. f. 11.
In Sümpfen, feuchten, überſchwemmten Wieſen.

3. A. aquaticus *B.*   Waſſerpieper.   pervodna zipa *F.* 87.)

Alauda Spinoletta L. icon Naum. 85. 2.
Im Sommer auf Bergen, im Winter am Ufer der Gewäſſer.

4. A. campestris *B.*   Brachpieper.   rujáva zipa *F.* 88.)

A. rufescens Temm. Alanda campestris L. mosellana Lath. massiliensis
    Gm. (pull.) fr, rujàvi fhkerjänz. icon Noz. 140 Frisch 15. 2. b.
    Naum. 84. 1. et II, f. 10.
In ſandigen, ſteinigen Gegenden, beſonders auf Anhöhen.

Zweite Familie.

Fissirostres. Spaltſchnäbel. Schwalbenartige
Vögel.

I. CYPSELUS *Illig.* (Apus *Cuv.*) Segler. fr; hudoúrnik.
1. C. murarius *T.* gemeine Mauerſchwalbe. sidóvni hudoúrnik.   89.)

Hirundo Apus L. Scop, Cypselus Apus Ill, Micropus murarius Mayer
    Spyr=Segler, Mauer=Segler, fr, velki hudoúrnik, velka laſtovza.
    icon Noz. 20. cum nido. Naum. I. 42. f. 95. Frisch 17. 1.
Bei Gewittern an Mauern, Thürmen, nach Inſekten jagend.

2. C. Melba *T. Ill.* Felſenſegler. planinſki hudoúrnik *F.* 90.)

Hirundo Melba L. alpina Scop. Apus Melba Cuv. Micropus alpinus
    Mayer. Alpenſegler, Alpenſchwalbe.
Auf hohen Gebirgen und Alpen.

II. HIRUNDO *Cuv.* Wahre Schwalben. fr. láſtovza.
1. H. urbica *L. Scop.* Hausſchwalbe. mala láſtovza. 91.)

H. agrestis Noz. Fenſterſchwalbe. fr. syn. mali hudoúrnik, windiſch gláſ-
    tovza icon Noz. 18. cum nido. Naum. I. 43. f. 98. Frisch 17. 2.

2. **H. rustica** *L.*   Rauchſchwalbe.   zherna láſtovza. 92.)

H. domestica Noz, Spießſchwalbe. icon Noz. 17. c. nido. Frisch 18. 1.
Naum. I. 42. f. 96.

3. **H. riparia** *L.*   Uferſchwalbe.   brégja láſtovza *F.* 93.)

H. riparia drepanis Noz. Fr. syn. bregúlja, bregúle, poloha, povodna
gláſtovza. icon Noz. 19. c. nido. Frisch 18. 2. Naum. I. 43. f. 100.
An der Save; bei Reifnſtz.

III. CAPRIMULGUS *L.* Ziegenmelfer. fr. mravlínzhar.

1. **C. europaeus** *L. Scop.* punktirte Nachtſchwalbe. pik-
zhaſli mravlínzhar *F.*   94.)

C. pnnclalus Mayer. getüpfelter Ziegenmelfer. fr. mravlínzhar, podhujka
P. M. kósamovsu. icon Noz. 21. c. nido. Frisch 101. Naum. I. 44.
f. 101.

In Waldungen mit lichten Stellen, fliegt während der Dämmerung und
bei mondhellen Nächten.

Dritte Familie.

Conirostres. Kegelſchnäbler.

I. ALAUDA *L.*   Lerche.   fr. ſhkerjánz.

1. **A. arvensis** *L. Sc.* Feldlerche.   pôljſki ſhkerjánz. 95.)

icon Noz. 15. c. nido. Frisch 15. 1. et 16. 2. b. Naum. 100. 1. et II.
6. f. 6.
Auf Feldern und Wieſen.

2. **A. cristata** *L. Sc.* Haubenlerche. zhópaſti ſhkerjanz. 96.)

syn. bláini ſhkerjánz. icon Noz. 179. Frisch 15. 2. a. Naum. 99. 1. et
II. 7. f. 8.
Bei Dörfern, in Gebüſchen die an Felder gränzen, e. g. Innerkrain.

3. **A. nemorosa** *Gm.* Baumlerche. hoſtni ſhkerjánz *F.* 97.)

A. arborea L. Waldlerche, Heidelerche, fr. velka zípa. icon Noz. 179.
Frisch 15 2. a. Naum. 100. 2. et II. 6. f. 7.
In Feldgehölzen und Gebüſchen, auf Heiden und im Inneren der Wälber.

4. **A. Calandra** *L.* Kalanderlerche. velki ſhkerjánz. *F.* 98.)

Melanocorypha — Boie. Steinlerche. fr. láſhki ſhkerjánz, lavdiza, ka-
landra. icon Naum. 98. 1.
Auf dem Karſt.

II. PARUS *L.*   Meiſe.   fr. ſeniza.

1. **P. major** *L. Sc.* Kohlmeiſe.   velka ſeniza. 99.)

Finkmeiſe, fr. jeſeniza, ſniza, borſhtna ſeniza. icon Noz. 60. c. nido.
Frisch 15. 1. Naum. 94. 1. et I. 23. f. 42.
In Baumgärten, Gebüſchen, Wälbern.

2. P. ater *L. Sc.* Tannenmeiſe. gojsdua feníza *F.* 100.)

syn. podgojsenza, borſhtna feníza, miniſhzhek. icon N o z. 60. c. nido.
F r i s ch 13. 2. N a u m. 94. 2. et I. 24. f. 46.

In Tannenwäldern.

3. P. lugubris *Natt.* Trauermeiſe. norzháva feníza. *F.* 101.)

P. sibiricus G m. K. B. Narrenmeiſe. icon S t u r m H, II. t. 1.

Am Karſt, im Lippiʒa Walde.

4. P. palustris *L.* Sumpfmeiſe. terſtna feníza. 102.)

syn. mńsa, pesdezhívka. icon N o z. 25. c. nido. F r i s ch 13. 2. b. N a u m.
94. 4. et I. 23. f. 44. S t u r m H. II. t. 2.

In Gebüſchen ſumpfiger Gegenden.

5. P. coeruleus *L. Sc.* Blaumeiſe. plava feníza. 103.)

syn. plávmandelz, miniſhzhek, gorſhnek P. M. icon N o z. 24. c. nido.
F r i s ch 14. 1. a, N a u m. 95. 1. 2. et I. 23. f. 43. S t u r m II. I.
t. 4.

In kleinen Laubhölʒern und Gärten.

6. P. cristatus *L. Sc.* Haubenmeiſé. zhópaſta feníza. 104.)

Kappmeiſe. kr. zhaupèrza, ſhapeljza ließ ſhápelza (von ſhápu.) icon F r i s ch
14. 1. b. N a u m. I. 24. f. 45.

In Nabelwäldern.

7. P. caudatus *L. Sc.* Schwanʒmeiſe. dólgorepna feníza *F.* 105.)

Galgenmeiſe. kr. dolgorepka, beloglávka, mlinarzhek, gángarza. icon N o z.
26 c. nido. F r i s ch. 14 2. N a u m. 95. 4. — 6. et I. 24. f. 47. 48.

In Feldhölʒern.

Bartmeiſen, *MYSTACINI.*

8. P. biarmicus *L.* Bartmeiſe. bèrkaſta feníza *F.* 106.)

P. barbatus B r i s s. Calamophilus — L e a ch. kr. besgavka, besgetúla,
besgetulza, meniſhzhek. icon N o z. 47. c. nido. F r i s ch 8. 2. N a u m.
96. et Nachtr. II. f. 3. 4.

In nördlichen Gegenden, im Schilf.

Remiʒ. Beutelmeiſen, *PENDULINI.*

9. P. pendulinus *L.* Beutelmeiſe. mófhnarza feníza. *F.* 107.)

Aegithalus — V i g. kr. mófhnarza, penderlin; windiſch plaſhiza, plasiza.
icon N a u m. 97. et Nachtr. III. f. 5. 6.

In Innerkrain, e. g Ibria, Adelsberg.

III. EMBERIZA *L.* Ammer. kr. ſternád.

1. E. Citrinella *L. Scop.* Goldammer. rumèni ſternád. 108.)

Hämmerling. kr. ſternad! icon N o z. 64. c. nido. F r i s ch 5. 6. var.
N a u m. 102. 1. 2. et I. 11. f. 26. 27.

In Gebüſchen in Dörfer = Nähe.

2. E. Cia *L.* Zippammer. mali ſternád. 109.)

E. barbata S c o p. lotharingica, provincialis G m. kr. visbez, broliza. icon
N a u m. 104. 1. 2.

In bergigen Gegenden.

3. **E. Cirlus** *L.*   Zaunammer.   plotóvni fternád *F.* 110.)

E. Elaeathorax B e c h s t. icon N a u m. 102. 3. 4.

In Zäunen und Gebüschen.

4. **E. Schoeniclus** *L.*   Rohrammer. terſtni ſternád. 111.)

E. passerina Gm. fr. terſtni grábez? icon N o z. 45. c. nido. F r i s c h 7.
1. N a u m. 105. et I. 12. f. 28. 29.

Im Schilf und in Weidengebüschen.

5. **E. miliaria** *L.*   Grauammer.   velki ſternád. 112.)

icon F r i s c h 6. 2. b. N a u m. 101. 1. et I, 10. f. 25.

Im Getreide.

6. **E. hortulana** *L.*   Ortolan.   vertni ſternád. 113.)

E. melbensis S p a r m. (pull.) Fettammer. Gartenammer. fr. vèrtnik. icon
N o z. 75. c. nido. F r i s c h. 5. N a u m. 103.

In Innerkrain in Gebüschen.

IV. **PLECTROPHANES** *Mayer.* Spornammer. fr. oſtrú-gleſh *F.*

1. **P.** (E.) **nivalis** *M.* Schneeammer. beli oſtrúgleſh. 114.)

Emberiza — L. mustelina , montana G m. glacialis N a u m. fr. beli ſternád. icon N o z. 154. F r i s c h 6. 2. N a u m. 106. 107. et Nachtr. 1.
f. 2

Zuweilen bei Reifnitz.

V. **PYRGITA** *Cuv.*   Sperling.   fr. vrábez.

1. **P. domestica** *C.* Hausſperling. domazhi vrábez *F.* 115.)

Fringilla — L. S c o p. Passer domesticus G e s n. Spatz. fr. hiſhni grábez,
grabez, narba P. M. windiſch vrabel. icon N o z. 43. c. nido. F r i s c h
8. 1. N a u m. I. 1. f. 1. 2. et 115.

2. **P.** (F.) **montana** *L. Sc.* Feldſperling. poljſki vrábez. 116.)

Fringilla campestris S c h r. Passer arboreus N o z. montanus A l d r. Feld-
ſpatz. fr. pòlſki grabez; windiſch frikez, kranzhek. icon N o z. 44. c.
nido. F r i s c h 7. 2. N a u m. 116. 1. 2.

In Weidengebüschen nahe an Feldern.

VI. **FRINGILLA** *Cuv.*   Fink.   fr. ſhinkovez.

1. **F. Coelebs** *L. Sc.* Edelfink. navádni ſhinkovez. 117.)

Gartenfink , Buchfink. ſhinkovez! windiſch zhiuka. illyr. szeba. icon N o z.
75. c. nido. F r i s c h 1. N a u m. 118. et I. 2. f. 4. 5.

Auf Bäumen niſtend.

2. **F. Montifringilla** *L.* Bergfink. pinósha ſhinkovez. 118.)

Gägler. fr. pinósh! ſkavz, nikovez. windiſch vikeza, zhek, zhekel. icon
N o z. 116. F r i s c h 3. N a u m. 119. et I. 3. f. 6. 7.

In dickeſten Wäldern, kömmt nur im Winter in die Ebene.

3. **F. nivalis** *L.* Schneefink. planinſki ſhinkovez. 119.)

icon N a u m. 117. et Nachtr. XX. A. f. 38.

Auf Hochalpen.

VII. CARDUELIS *Cuv.*   Diſtelfink.   fr. líſez.

1. **C. nobilis** *Alb.* gemeiner Stieglitz. oſátní líſez *F.* 120.)

Fringilla Carduelis L. fr. syn. líſez, ſhtígelz; winbiſch oſátiza, ſtrizhoka, ſhpjeglavez. icon Noz. 163. Frisch 1. 2. Naum. 124. 1. 2. et I. 5. f. 12.

VIII. LINARIUS *Freyer* * Hänfling. fr. konoplíſhiza *F.*

* Linaria Bechst. Cuv. bereító ein Pflanzenname.

1. **L. ruber**   Leinfink.   mórſka konoplíſhiza. 121.)

Linaria rubra Gessner. Fringilla Linaria L. borealis, rufescens Vieill. Meerzeiſel, Bergzeiſig, Birkenzeiſig, Lein — Flachshänfling. fr. mórſki zísek, mórſki zájsek, mórſki grábez, zverzek. icon Naum. 126. et I. 6. f. 15. 16. Frisch. 10. 2.
Zugvogel.

2. **L. cannabinus** Bluthänfling. prava konoplíſhiza. *F.* 122.)

Fringilla — L. Scop. Linota — Bon. Hanffink, Schußvogel, fr. syn. konoplíſhiza, konopnjak, répnik, repáljſhiza; winbiſch konopljenka, ſjetenza icon Noz. 82. c. nido. Frisch. 9. et 10. 1. mas. secundi anni. Fr. Linota Lath. Gm. primi anni. Noz. 170. Frisch 9. 2.
In Weinbergen, im Schlagholz unb Gebüſchen.

3. **L. (F.) Spinus** *C.* Zeiſig. zísek konoplíſhiza *F.* 123.)

Emberiza Spinus Scop. Erlfink, fr. navádní zísek, zajselz'! winbiſch ſhterlinz, oſiza, ovſhiza, ternjovka, penkiza. Noz. 70. c. nido. Frisch 11. 1. Naum. 125. et I. 6. f. 13. 14.
Zugvogel. * mas adultus mit ſchwarzer Kehle.

4. **L. (F.) citrinella** *L.* Citronenfink. láſhka konoplíſhiza. 124.)

Emberiza brumalis Scop. Citronenzeiſig, fr. láſhki griljzhek. Z. icon Naum. 134. 2. 3.

5. **L. (F.) Serinus** *L.* Girlitz. gríljz konoplíſhiza *F.* 125.)

Loxia — Scop. Pyrrhula — K. B. fr. griljz, gríljzhek. icon Naum. 124.
In Obſtgärten an Bächen unb Flüſſen.

IX. COCCOTHRAUSTES *Cuv.* Kernbeißer. fr. dlêſk.

1. **C. vulgaris** *Pall.* Kirſchfernb. debeloglávi dlêſk *F.* 126.)

Fringilla Coccothraustes L. Loxia — L. Scop. Lath. gemeiner Kernbeißer, fr. dlêſk! glavázh, luſkovz. icon Noz. 71. c. nido. Frisch 4. Naum. 114. et 1. 7. f. 17. 18.
In Gebirgswalbungen.

2. **C. (F.) Chloris** *L.* Grünling. seléni dlêſk *F.* 127.)

Loxia — L. Scop. Lath. grüner Kernbeißer, fr. selénz, selénzhek, konópka. icon Noz. 40 cum nido. Frisch 2. Naum. 120 et I. 4. f. 8. 9.
In kleinen Gehölzen unb Zaungebüſchen.

3. **C. (F.) petronia** *L.* grauer Kernbeißer. ſívkaſti dlêſk. 128.)

Graufink, Steinſpatz, Steinſperling, fr. velki mórſki grábez Z. icon Frisch. 3. 1. Naum. 116. 3. 4. et Nachtr. I. f. 1.

X. PYRRHULA *Cuv.*   Gimpel.   kr. berſtník.

1. P. vulgaris *C.* gemeiner Gimpel. rudézhi berſtnik *F.* 129.)

P. rubicilla Pall. Loxia pyrrhula L. Scop. Blutfink, Lübig, kr. syn. berſtník, berſtovka, kalín, gumpesh, bóltek; windiſch bolt P. M. korar, popkar, kumpal, lepar, lepan icon Noz. 69. c. nido. Frisch. 2. Naum. 111. et I. 4. f. 19. 20.

In Gehölzen.

XI. LOXIA *Briss.*   Kreuzſchnabel.   kr. krúmpesh.

1. L. curvirostra *L. Scop.* kleinſchnäbliger Kreuzſchnabel. mali krúmpesh.   130.)

Curvirostra pinetarum B. Kreuzſchnabel, Fichtenkreuzſchnabel, kr. prebrazh, blaſk, krivokljunz; windiſch grinz. icon Noz. 114. Frisch 10. 2. Naum. 110. et I. 9. f. 21 — 23. t. 10. f. 24.

In Fichten = und Tannenwäldern.

2. L. pytiopsittacus *Bechst.* großſchnäbliger Kreuzſchnabel. velki krúmpesh.   131.)

großer Krummſchnabel, Kiefernkreuzſchnabel. krúmpesh. icon Naum. 109. et Nachtr. t. 42. f. 83. 84.

In Kieferwäldern, e. g. bei Ibria.

XII. CORYTHUS *Cuv.* Hackenfernbeißer.   kr. luſkovz.

1. C. erythrinus *C.* Flammenfink. ſhkerlátni luſkovz *F.* 132.)

Loxia erythrina Pall. Pyrrhula — K. B. Fringilla — Mayer. Fring. flaminea L. Retz. Brandfink. icon Naum. 113. 1. 2. et Nachtr. XX. B. f. 40.

Bei Feiſtenberg in Unterkrain! Friedrich Rudesch.

XIII. STURNUS *L.*   Staar.   kr. ſhkórz.

1. St. vulgaris *L.* gemeiner Staar. piſani ſhkorz. 133.)

kr. ſhkorz, ſturlin. icon Noz. 14. cum nido et 192. var. alba. Frisch. 217. Naum. 62. et I. 38. f. 84.

Auf Viehweiden.

Coraces. Rabenartige.

XIV. CORVUS *L.*   Rabe.   kr. vrán.

1. C. Corax *L.*   Kohlrabe.   velki vrán. *F.* 134.)

C. maximus Scop. albus Gm. clericus M. C. Rabe, kr. krókar, velki órel; (abusive órel im flachen Lande.) icon Frisch 63. Naum. 53. 1. et I. 28. f. 57.

In Gebirgswäldern.

2. C. Corone *L.*   Rabenkrähe.   mali vrán. 135.)

Krähe, ſchwarze Krähe; zherna vrána, mali órel. icon Noz. 115. c. ovo. Frisch 66. Naum. 53. 2. et IV. 1. f. 2.

3. C. frugilegus *L.*   Saatkrähe.   poljſki vrán *F.* 136.)

kr. zherna poljſka vrána. zherna vrána. icon Noz. 103. c. ovo. Frisch 64. Naum. 55. et IV. 5. f. 5. 6.

4. C. Cornix *L.* 𝕹𝖊𝖇𝖊𝖑𝖋𝖗ä𝖍𝖊. ſivi vran. 137.)

ſíva vrana. icon N o z. 106. c. ovo. F r i s c h. 65. N a u m. 54. et IV. 2. ſ. 3. 4.

5. C. Monedula *L.* 𝕯𝖔𝖍𝖑𝖊. kávka vrán *F.* 138.)

𝕿𝖍𝖚𝖗𝖒𝖐𝖗ä𝖍𝖊, 𝖐𝖗. kávka, rajka. icon N o z. 113. c. ovo. F r i s c h 67. 68. var. N a u m. 56. 1. et IV. 4. ſ. 7.
𝕷𝖊𝖇𝖙 𝖌𝖊𝖋𝖊𝖑𝖑𝖎𝖌 𝖜𝖎𝖊 𝖉𝖎𝖊 ü𝖇𝖗𝖎𝖌𝖊𝖓 𝕶𝖗ä𝖍𝖊𝖓.

XV. PICA *Cuv.* 𝕰𝖑ſ𝖙𝖊𝖗. 𝖐𝖗. fráka.

1. P. vulgaris *C.* 𝖌𝖊𝖒𝖊𝖎𝖓𝖊 𝕰𝖑ſ𝖙𝖊𝖗. navádna fráka. 139.)

Corvus Pica L. rusticus S c o p. 𝕲𝖆𝖗𝖙𝖊𝖓𝖐𝖗ä𝖍𝖊, 𝕲𝖆𝖗𝖙𝖊𝖓𝖗𝖆𝖇𝖊. icon N o z. 2. c. ovo. F r i s c h 58. N a u m. 56. 2. et IV. 4. 8.
𝕴𝖓 𝕯ö𝖗𝖋𝖊𝖗𝖓 𝖚𝖓𝖉 𝕾𝖙ä𝖉𝖙𝖊𝖓.

XVI. GARRULUS *Cuv.* 𝕳𝖊𝖍𝖊𝖗. 𝖐𝖗. fhóga.

1. G. glandarius *C.* 𝕰𝖎𝖈𝖍𝖊𝖑𝖍𝖊𝖍𝖊𝖗. navádna fhóga. 140.)

Corvus glandarius L. S c o p. 𝕳𝖊𝖍𝖊𝖗, 𝕳𝖔𝖑𝖟𝖍𝖊𝖍𝖊𝖗, 𝖐𝖗. pſhóga, ſhoja, jerł. icon N o z. 1. c. nido. F r i s c h 55. N a u m. 58. 1. et IV. 5. f. 9. S t u r m Heft I. t. 1.
𝕴𝖓 𝖂𝖆𝖑𝖉𝖚𝖓𝖌𝖊𝖓.

XVII. CARYOCATACTES *Cuv.* 𝕹𝖚ß𝖐𝖓𝖆𝖈𝖐𝖊𝖗. 𝖐𝖗. leſhníza.

1. C. nucifraga *Nilson.* 𝖌𝖊𝖒𝖊𝖎𝖓𝖊𝖗 𝕹𝖚ß𝖍𝖊𝖍𝖊𝖗. gráhafta leſhníza *F.* 141.)

Corvus Caryocatactes L. S c o p. Nucifraga — B r i s s. 𝕿𝖆𝖓𝖓𝖊𝖓𝖍𝖊𝖍𝖊𝖗, 𝖐𝖗. syn. leſhnikar, klávshar, meklavshar, krekovł, orehovka, kleſk, leſk. icon N o z. 3. F r i s c h 56. N a u m. 58. 2. et IV. t. 5. f. 10.
𝕴𝖓 𝖌𝖊𝖇𝖎𝖗𝖌𝖎𝖌𝖙𝖊𝖓 𝖂ä𝖑𝖉𝖊𝖗𝖓.

XVIII. CORACIAS *L.* 𝕽𝖆𝖈𝖐𝖊. 𝖐𝖗. krókarza *F.*

1. C. Garrula *L. Scop.* 𝖇𝖑𝖆𝖚𝖊 𝕽𝖆𝖈𝖐𝖊. seléna krókarza. 142.)

𝕸𝖆𝖓𝖉𝖊𝖑𝖐𝖗ä𝖍𝖊, blaue 𝕶𝖗ä𝖍𝖊, 𝕭𝖎𝖗𝖐𝖍𝖊𝖍𝖊𝖗, 𝖐𝖗. seléna vrána; 𝖜𝖎𝖓𝖉𝖎ſ𝖈𝖍 ſmerdavranka. icon F r i s c h 57. N a u m. 60. et IV. t. 6. ſ. 11.
𝕴𝖒 𝕿𝖍𝖎𝖊𝖗𝖌𝖆𝖗𝖙𝖊𝖓 𝖇𝖊𝖎 𝕷𝖆𝖎𝖇𝖆𝖈𝖍, 𝖍ä𝖚𝖋𝖎𝖌𝖊𝖗 𝖎𝖓 𝖀𝖓𝖙𝖊𝖗𝖐𝖗𝖆𝖎𝖓.

Vierte Familie.

Tenuirostres. 𝕯ü𝖓𝖓ſ𝖈𝖍𝖓ä𝖇𝖑𝖊𝖗.

I. SITTA *L.* 𝕾𝖕𝖊𝖈𝖍𝖙𝖒𝖊𝖎ſ𝖊. 𝖐𝖗. bêrles.

1. S. europaea *L. Scop.* 𝖊𝖚𝖗𝖔𝖕ä𝖎ſ𝖈𝖍𝖊 𝕾𝖕. ſivi bêrles. 143.)

S. caesia M a y e r. 𝕶𝖑𝖊𝖎𝖇𝖊𝖗, 𝕭𝖑𝖆𝖚ſ𝖕𝖊𝖈𝖍𝖙, 𝖐𝖗. s. bérgles. icon F r i s c h 39. 3. N a u m. 139. et I. 28. ſ. 57.
𝕴𝖓 𝖐𝖑𝖊𝖎𝖓𝖊𝖓 𝕲𝖊𝖍ö𝖑𝖟𝖊𝖓 𝖚𝖓𝖉 𝕭𝖆𝖚𝖒𝖌ä𝖗𝖙𝖊𝖓.

II. CERTHIA *L.* 𝕭𝖆𝖚𝖒𝖑ä𝖚𝖋𝖊𝖗. 𝖐𝖗. plésovz.

1. C. familiaris *L. Sc.* 𝖌𝖗𝖆𝖚𝖇𝖚𝖓𝖙𝖊𝖗 𝕭. pſſani plésovz. 144.)

Baumreiter, kr. plésovt. icon N oz. 31. c. nido. F ri s ch 39. 1. 2. N a u m.
140. et I. t. 21. f. 58.
In Baumgärten.

III. TICHODROMA *Ill.*   **Mauerläufer.**   **kr. máverza.**

1. T. muraria *Voigt.* rothflüglichte Mauerklette. sidna máverza *F.*   145.)

T. phönicoptera Ill. Certhia muraria L. Mauerspecht, kr. máverza, marva, mertválhiza. icon N a u m. 141. et Nachtr. 41. f. 82.
Auf den höchsten Felsen der Alpen, im Winter an Felsen, Mauern, Kirchthürmen, Insekten fangend.

IV. FREGILUS *Cuv.*   **Steindohle.**   **kr. sojka.**

1. F. Graculus *C.* europäische Steindohle. planínska sojka. *F.*   146.)

C. Graculus L. Pyrrhocorax Graculus S ch. N. kr. klavshar, sojka. icon
N a u m. 57. 2.
Auf den höchsten Alpen.

V. UPUPA *L.*   **Wiedehopf.**   **kr. odáp.**

1. U. Epops. *L. Sc.* europäischer W. zhópasti odáp *F.* 147.)

gemeiner Wiedehopf, Hup=Hup, kr. syn. odáp, dap, bůd, smerdekávra,
smerdairza, smerdůh; windisch butej, smerdat, adofs. P. M. icon N oz.
67. c. nido. F ri s ch 45. N a u m. 142. et I. 58. f. 85.
Auf Viehweiden.

————

Zweite Abtheilung.

Syndactyli. Sperlingsartige mit verbundenen Zehen.

I. MEROPS *L.*   **Bienenfresser.**   **kr. legát.**

1. M. Apiaster *L. Sc.* europäischer Bienenfresser. snásheni
legát. *F.*   148.)

syn. legát, detelj, (suna?) icon F ri s ch 221. 222 ♂. N a u m. 143. et
Nachtr. 1. 27. f. 56.
Kömmt aus südlichen Gegenden; selten, bei Jgg, Lustthal.

II. ALCEDO *L.*   **Eisvogel.**   **kr. udómz.**

1. A. ispida *L. Sc.* gemeiner Eisvogel. vishnéli udómz. 149.)

syn. udómz, vishnéli kos, povódni kos, ribizh. icon N oz. 146. c. ovo.
F ri s ch 223. N a u m. 147. III. t. 72. f. 113.
An Wässern auf Baumzweigen nach Fischen lauernd.

————

Dritte Ordnung.

Scansores. Klettervögel. *plesarji.*

I. **PICUS** *L.*   Specht.   kr. shólna líeʒ shovna.

1. **P. martius** *L.*   Schwarzspecht.   zherna sholna. 150.)

Dryocopus — B o i e. windisch krekovl, kreka, klukovez, klokar, maverza.
icon N o z. 196 ♂ 197 ♀ · F r i s c h 54. N a u m. 131. et I. 25. f. 49.
In Nadelwäldern.

2. **P. viridis** *L.*   Grünspecht.   seléna shólna. 151.)

Gecinus — B o i e. schwarzbackiger Grünspecht, kr. selenják, shovna; winz
disch vuga, icon N o z. 23. cum ovo. N a u m. 131. et I. 26. f. 50.
In offenen Holzungen, Laubwaldungen.

3. **P. canus** *Gm.*   Grauspecht.   sivoseléna shólna. *F.* 152.)

P. viridicanus M a y e r. (Gecinus-B o i e.) kr. pivka, seléna shólna icon
N o z. 190. F r i s c h 55. N a u m. 133. et I. 26. f. 51. ♀ Nachtr. t.
XXXV. f. 68.
In gebirgigen Gegenden; weiß varirend bei Ibria.

4. **P. major** *L. Scop.*   Bandspecht.   písana shólna *F.* 153.)

Großer Bundspecht, velki détal! icon N o z. 22. cum nido. N a u m. 134.
et I. 27. f. 52. F r i s c h 36.
In Gebirgswäldern.

5. **P. medius** *L.*   Mittelbundspecht.   brésaſta shólna *F.* 154.)

Weißspecht, kr. srédni détal. icon N o z. 177. cum ovo. N a u m. 136. f. 1.
2. et Nachtr. IV. f. 7.
Wo der vorige, e. g. bei Reifnitz.

6. **P. minor** *L. Sc.*   kleiner Bundspecht.   mala shólna *F.* 155.)

Grasspecht. mali détal. icon N o z. 182. F r i s c h 37. N a u m. 136. f. 2. 3.
et I. t. 27. f. 54. 55.
In Gebirgswäldern, e. g. bei Ruckenstein.

7. **P. leuconotus** *Bechst.* weißrückiger Specht. bélohérbet-
na shólna *F.*   156.)

Elsterspecht. N a u m. 155. et Nachtr. 35. f. 69.
In Wäldern bei Ibria, Hollander in litt.

II. **PICOIDES** *La Cepede.* dreizehiger Specht. kr. détal.

1. **P. tridactylus** *La C.* dreizehiger Specht. trikrémplaſti
détal *F.*   157.)

Picus — L. Apternus — S w a i n s. icon N a u m. 137. et Nachtr. t. 54. f.
81 ♂ .
In hohen Gebirgswäldern bei Ibria, Reifnitz.

4

III. YUNX *L.*   Wendehals.   fr. zhúdesh.

1. Y. Torquilla *L.* europäischer Wendehals. vioglavi zhúdesh *F.*   158.)

syn. zhúdesh, vioglávka, paſtojniza. icon N o z. 175. F r i s c h 38. N a u m. 158. et I. t. 28. f. 56.

Lebt von Inſekten, beſonders von Ameiſen.

IV. CUCULUS *L.*   Kuckuck.   fr. kúkoviza.

1. C. canorus *L. Sc.* gemeiner Kuckuck. navádna kúkovza. *F.*   159.)

C. hepaticus L a t h. fr. ſiva kúkovza, rujáva kúkoviza. icon N o z. 62. cum ovo. N a u m. I. t. 25. f. 102. Nachtr. IV. f. 9. F r i s c h 40 ♂ · 41 ♂ · junior. C. rufus N o z. 167. F r i s c h 42 ♀ junior.

Vierte Ordnung.

Gallinaceae. Hühnerartige Vögel. *kúretna, púte.*

I. TETRAO *L.*   Waldhuhn.   fr. kúra.

1. T. Urogallus *L. Sc.* Auerwaldhuhn. veljka kúra. *F.* 160.)

Auerhahn, fr. divji petélin; velki, leſni petélin, horopka. icon F r i s c h 107 ♂ · 108. 107 suppl. ♀ · N a u m. I. t. 17. f. 56.

In gebirgigen Schwarzwaldungen, e. g. Schneeberg, Kreuzeralpe.

2. T. Tetrix *L. Sc.* Birkhahn. rúſhova kúra *F.* 161.)

Birkwaldhuhn, fr. rúſhovez, ſhkarjovéz, mala divja kokóſh, mali divji petélin; winbiſch dovji fashon. icon N o z. 86 ♂ · 87 ♀ et ovum. F r i s c h 109 ♂ · 109 ♀ suppl. N a u m. I. t. 18. f. 57. 38.

In Gebirgswäldern.

T. Bonasia *L.* Haſelwaldhuhn. gojsdna kura *F.* 162.)

T. canus G m. var. nemesianus et betulinus S c o p.? Tetrastes Bonasia K. B. Lagopus — K l e i n. Haſelhuhn, fr. gojsdni jeréb, hoſtna jerebiza, podleſk. icon F r i s c h 112 ♀ · N a u m. 20. f. 39.

In Gebirgswäldern.

4. T. Lagopus *L. Scop.* Alpen-Schneehuhn. béla kúra *F.* 163.)

T. albus G m. rupestris G m. im Sommerkleide. Lagopus alpinus N i l s. Berghuhn, fr. bela pútiza, hela púta, beli jeréb, ſneshniza; winbiſch tneshni jereb. icon F r i s c h 110. 111. N a u m. I. Suppl. 61. f. 115. 116.

Auf den höchſten Alpen, e. g. ob Weißenfels.

II. PERDIX *Briss.*   Rebhuhn.   fr. jeréb.

1. P. cinerea *Br. Scop.* graues Rebhuhn. ſivi jeréb. 164.)

P. montana L a t h. Tetrao Perdix L. Starna cinerea B r i s s. Feldhuhn, fr. poliſki jeréb, jerebiza ♀ · icon N o z. 96 ♂ · 97 ♀ et ovum. F r i s c h 114. 115. var. N a u m. II. t. III. f. 3.

In Feldern.

2. **P. saxatilis** *Mayer.* Steinrebhuhn. ſkálni jeréb. 165.)

P. graeca B r i s s. raſa S c o p. Steinhuhn, kr. kotórna. icon F r i s ch 116.

In Innerkrain, bei Idria auf den Höhen ober dem Abdecker gegen Unter=
Idria, niſtet auf der Germáda bei Billichgratz.

III. COTURNIX C.   Wachtel.   kr. prepelíza!

1. **C. dactylisonans** *Temm.* europäiſche Wachtel. navadna
prepelíza.   166.)

Tetrao Coturnix L. Perdix — S c o p. B r i s s. Ortygion — K. B. kr. syn.
perpelíza. icon N o z. 74 cum nido. F r i s ch 117. N a u m. 4. ⁴4. et II.
t. 4. f. 4.

In Feldern.

IV. COLUMBA L.   Taube.   kr. golób.

1. **C. Palumbus** *L. Sc.* Ringeltaube.   velki golób. 167.)

syn. grivar, grívnik, velki divji golób. icon N o z. 4. 5. c. nido. F r i s ch
138. N a u m. I. t. 14. f. 33.

In Wäldern, e. g. Moſthal ꝛc.

2. **C. Oenas** *L. Sc.* Holztaube.   léſni golób. 168.)

syn. mali divji golób; windiſch divjak. icon N o z. 7. cum nido. F r i s ch
139. N a u m. I. t. 15. f. 34.

Wie obige.

3. **C. Livia** *Briss.* Felſentaube.   brésni golób *F.* 169.)

C. rupicola R a j i. Oenas L. Feldtaube, Grottentaube, kr. ſkálni golób.
icon S t u r m Heft II. t. 3. 4.

In Grotten und Felſenhöhlen am Karſt, e. g. bei Raunach in der Golo-
binka niſtend.

4. **C. Turtur** *L. Sc.* Turteltaube.   gérliza golob *F.* 170.)

Peristera — B o i e. kr. gérliza; windiſch plutika, plutujka. icon N o z. 6.
cum nido. F r i s ch. 140. N a u m. I. t. XVI. f. 35.

In Wäldern.

Fünfte Ordnung.

Grallae. Stelzvögel, Sumpfvögel. *proſtono-ge Zois.*

A. *PRESSIROSTRES.* Brachvögel, Feldläufer.

I. OTIS *L.*   Trappe.   kr. amſha.

1. **O. Tarda** *L.* großer Trappe.   velka amſha. 171.)

windiſch trapla. icon F r i s ch 106 ♀. 106 suppl. ♂. N a u m. II. t.
1. f. 1.

Kömmt ſelten nach Krain.

2. **O. Tetrax** *L.*   3wergtrappe.   mala amſha. 172.)
winbiſch drop, trapa. icon N a u m. II. t. 2. f. 2.
Kömmt ſelten auß Sübeuropa.

II. OEDICNEMUS *Temm.*   Dickfuß.   kr. perlivka.

1. **Oe. crepitans** *T.* lerchengrauer Dickfuß. deshévna per-lívka *F.*   173.)
Charadrius Oedicnemus L. Charadrius Calidris L a t h. Triel, kr. perlívka, deshévnik. icon F r i s ch 215. N a u m. II. 9. f. 13.
Jn ſteinigen trockenen Gegenden, bei Luſtthal, zu Kosarje, October Z o i s.

III. CHARADRIUS *L.*   Regenpfeifer.   kr. deshévnik.

1. **C. pluvialis** *L.* Goldregenpf. slaténi deshévnik *F.* 174.)
C. auratus M a y e r, apricarius L. im Frühling. Pluvialis aurea B r i s s. — viridis W i l l u g b. kr. proſénka, deshévnik. icon N o z. 128 ♂ · 129 ♀ . F r i s c h 216. N a u m. II. 10. 11. f. 14. 15.
Auf Brachfeldern und Heiden.

2. **C. Hiaticula** *L. Sc.* Sandregenpfeifer. komátni deshév-nik *F.*   175.)
Aegialites — B o i e. Halßbandregenpfeifer. icon N o z. 136. F r i s c h 214.
An Flüſſen, Teichen und Seen, mit ſandigen Ufern.

3. **C. minor** *M. & W.* kleiner Regenpfeifer. mali deshév-nik *F.*   176.)
C. curonicus G m. L a t h. B e s e c k e. fluviatilis B e c h s t. intermedius M e n e t. Aegialites curonicus K. B. Flußregenpfeifer. icon N a u m. 15. f. 19.
An ähnlichen Orten.

4. **C. cantianus** *Lath.* Seeregenpfeifer. belozhélni deshév-nik *F.*   177.)
Aegialites — B o i e. Charadrius albifrons M a y e r et W o l f. alexandrinus G m. littoralis B e c h s t.
Dieſelben Gegenden.

IV. SQUATAROLA *Cuv.*   Regenſänger.   kr. dúlar.

1. **S. melanogaster** *C.* ſchwarzbauchiger Kiebitz. zherni dúlar.   178.)
S. helvetica K. B. Vanellus melanogaster M a y e r. varius, helveticus, griseus B r i s s. Tringa varia G m squatarola A u c t. helvetica G m. Charadeius hypomelanus; Pardela P a l l. gefleckter Kiebitz, kr. bilterſki dúlar, velki martinz. icon N o z. 149. N a u m. Nachtr. VIII. f. 17.
An Flüſſen, Seen, freiliegenden Teichen, auf großen Heiden und auf Saat-feldern, e. g. am Kleingraben, bei Luſtthal. Z.

V. VANELLUS *C.*   Kiebitz.   kr. príba.

1. **V. cristatus** *Mayer.* gemeiner K. zhópaſta príba *F.* 179.)
Tringa Vanellus L. S c o p. Gavia vulgaris N o z. kr. príba. winbiſch gavek, gavez, kifez. icon N o z. 56. et 156. cum nido. F r i s c h. 213. N a u m. II. 14. f. 18.
Jn Sümpfen, bei Wanderungen auch auf Feldern.

VI. HÆMATOPUS *L.* Auſternbieb. fr. frákarza. *F.*

1. H. ostralegus *L.* rothfüßiger Auſternfiſcher. morſka frákarza. 180.)

Meerelſter, fr. morſka fráka. icon N o z. 27. cum ovo.
Zuweilen an Flüſſen unb Seen.

B. *CULTRIROSTRES.* Meſſerſchnäbler.

I. GRUS *L.* Kranich. fr. sherjáv.

1. G. cinerea *Bechst.* gemeiner Kranich. fivi sherjáv. 181.)

Ardea Grus L. S c. Grus vulgaris P a l l. winbiſch gruh. icon F r i s c h 194.
N a u m. II. t. 2. f. 2.
Zugvogel;

II. ARDEA *Cuv.* Reiher. fr. zháplja.

1. A. cinerea *L. Sc.* grauer Reiher. fiva zháplja *F.* 182.)

A. major L. rhenana S a u d e r, cristata B r i s s. Fiſchreiher, fr. fivi rangar; winbiſch ragar. icon N o z. 148. e. ovo. F r i s c h. 198 ♀ · 199 ♂ ·
N a u m. III. t. 28. 29. f. 33. 34.
An Seen unb Flüſſen.

2. A. purpurea *L.* Purpurreiher. rujáva zháplja *F.* 183.)

A. rufa, caspia G m. purpurata pull. africana L a t h. fr. fhtrambla. icon
N o z. 180. N a u m. Nachtr. 45. f. 89. 90.
Zugvogel.

3. A. minuta *L.* kleiner Reiher. mala zháplja *F.* 184.)

A. danubialis G m. Ardeola N o z. Ardeola minuta K. B. naevia B r i s s.
Zwergrohrdommel, fr. mali rángarzhik. icon N o z. 39. 30 nidus et
ova. F r i s c h 206. 207 ♂ · N a u m. III. 28. f. 37. et Nachtr. XII. f.
25. 26.
Lebt in ber Nähe von Sümpfen.

4. A. Garzetta *L.* kleiner Silberreiher. podgavre zháplja *F.* 185.)

Egretta — B o n. A. aequinoctialis, nivea G m. Straußreiher, Seibenreiher,
fr. pódgavra, beli rángarzhik. icon N a u m. Nachtr. t. 47. f. 92.
Zugvogel.

5. A. alba *L.* großer Silberreiher. bela zháplja *F.* 186.)

A. egrettoides G m. Xanthodactylos G m. Egretta alba B o n. fr. velki beli
rángar, velki shabagolt, lieš shabagovt. icon N a u m. Nachtr. 46. f. 91.
Skovk an ber Save October, Zois. Zuweilen am Laibacher Moraſte , e. g.
20. September 1841.

6. A. comata *L. Pall.* Rallenreiher. ruména zháplja *F.* 187.)

A. ralloides S c o p. M a y e r. castanea, squajotta, erythropus, malaccensis G m. Marsiglii , pumila G m. (pulli.) audax L a p e i r. senegalensis E n l. pull. russata W a g l. affinis H o r s f i e l d. aequinoctialis, rufcapilla V i e i l l. coromandelina L i c h t e n s t. leucocephala G m. Bubulcus A u x. Buphus comatus B o i e. K. B. fr. buntek. icon N a u m.
Nachtr. XXII. f. 44. 45.
Zugvogel, in Sümpfen unb an Seen.

Rohrdommeln, dickhälsige Reiher.

7. A. stellaris *L. Sc.* Rohrdommel Reiher. bóbnařza zháplja *F.* 188.)

Botaurus — B r i s s. Rohrdommel, fr. bubnarza, ponózhni vran, povddni bóben, netezhnik, nozhni kluk. icon N o z. 41, 42 nidus, et 174 rufa. F r i s c h 205. N a u m. III. 27. f. 36.
In Sümpfen und Rohrteichen.

8. A. Nycticorax *L. Sc.* Nachtreiher. prava zháplja *F.* 189.]

Scotaeus — K. B. A. maculata, badia, Gardeni & m. grisea Gm. (pull.)
virescens B. ♀. Nachtrabe, fr. zháplja, kavranozh; winbisch kavran, krainpazh; russisch kvaka. icon N o z. 78 cum ovo. 79 nidus. F r i s c h 202 ♀. 203 ♂. N a u m. III. 27. f. 35. et Nachtr. 48. f. 93. 94.
Zugvogel.

III. CICONIA *Cuv.* Storch. fr. fhtórklja, ließ fhtórkla.

1. C. alba *B.* gemeiner Storch. bela fhtórklja, 190.)

Ardea Ciconia L. S c. weißer Storch. fhtórkla Z. winbisch fhtrok, fhterk, bogdál. icon N o z. 91 et ovum. F r i s c h 196. N a u m. III. 22. f. 31.
Zugvogel.

2. C. nigra *B.* schwarzer Storch. zherna fhtórklja. 191.)

Ardea nigra L. S c. Cic. fusca B r i s s. icon. F r i s c h 197. N a u m. III. 23. f. 32. nach V o i g t 22.
In entlegenen Sümpfen und Wäldern nahe an selben, e. g. bei Freubensthal geschossen.

IV. PLATALEA *L.* Löffler. fr. lopátka.

1. P. Leucorodia *L. Sc.* weißer Löffler. bela lopátka. 192.)

Löffelreiher, fr. kulpetra, koletra. icon N o z. 89. 90 nidus. F r i s c h 200. 201 ♀. N a u m. Nachtr. t. 44. f. 87. 88.
Zugvogel. Im September auf fhiroka mlaka. Z o i s.

C. *LONGIROSTRES.* Langschnäbler.

I. IBIS *Cuv.* Ibis. fr. plevíza.

1. I. Falcinellus *Ill.* brauner I. kóstanjeva plevíza *F.* 193.)

Scolopax Falcinellus L. Tantalus Falcinellus L a t h. Numenius viridis, castaneus B r i s s. Heideschnepfe, fr. plevíza. icon N a u m. Nachtr. t. 28. f. 57.
Wird öfters bei Laibach geschossen.

II. NUMENIUS *Cuv.* Brachvogel. fr. fhkúrh.

1. N. arquatus *B. Lath.* großer Brachv. velki fhkúrh. 194.)

Scolopax arquata L. Phaeopus S c. icon N o z. 58 cum nido. F r i s c h 229. N a u m. III. 5. 5.
In trockenen fandigen Gegenden, doch immer nahe an Gewässern und Sümpfen.

2. N. Phaeopus *Mayer. B.* kleiner Brachv. mali fhkúrh. 195.)

— minor B r i s s. Phaeopus borealis C u v. Scolopax borealis G m Phaeopus L. S c o p. Regenbrachvogel. N o z. 156. F r i s c h 225. N a u m. III. 10. f. 10.

Zugvogel.

III. SCOLOPAX *Cuv.* Schnepfe. kr. flóka.

1. S. rusticola *L. Sc.* große Waldschnepfe. gojsdna flóka *F.* 196.)

kr. syn. flóka in Innerkrain, kljunazh, slomka? Z. winbifch podljefk, podlefak, kornbrat. icon N o z. 147 cum ovo. F r i s c h 226. 227 ♀ · N a u m. III. 1. f. 1.

Auf Gebirgen, in sumpfigen Wäldern. Niften in Auersbergs Umgebung, vermuthlich daher die Benennung der Ortschaft flóka góra (zwischen Auersberg und Groß = Liplein.)

2. S. Gallinago *L. Sc.* Heerschnepfe. kosíza flóka *F.* 197.)

Ascalópax — K. B. Beckaffine, Himmelsziege, kr. kosíza. icon N o z. 120. F r i s c h 229. N a u m. III. 3. f. 3.

In Sümpfen und sumpfigen Wiesen, an Ufern der Bäche und Quellen.

3. S. major *Gm.* große Sumpfschnepfe. zhokéta flóka *F.* 198.)

Ascalópax — K. B. Scolopax paludosa R e t z, media F r i s c h. Gallina N o z. Doppelschnepfe, Mittelschnepfe, Bruchwaldschnepfe, kr. zhokéta. icon N o z. 127. cum ovo. F r i s c h 228. N a u m. III. 2. f. 2.

Zugvogel aus Norden.

4. S. Gallinula *L. Scop.* Moorschnepfe. púklesh flóka. 199.)

Ascalópax — K. B. Strandschnepfe, kl. Beckaffine, kr. púklesh, póklefh, pukerl bei Laibach. fugerl P. M. icon N o z. 122. F r i s c h 231. N a u m. 4. 4. III. 3. f. 3.

In Sümpfen.

IV. LIMOSA *Bechst.* Sumpfwader. kr. evzhunz.

1. L. melanura *Leisler.* schwarzschwänziger Sumpfwader. zhernorépni evzhunz *F.* 200.)

L. aegocephala K. B. Scolopax limosa L. aegocephala, belgica G m. Totanus limosus B. Sumpfläufer, Pfuhlschnepfe; kr. evzhunz. icon N o z. 164. N a u m. III. 11. f. 11. et Nachtr. XXXVII. f. 75.

Zugvogel. In Sümpfen und an sumpfigen Flußufern.

V. CALIDRIS *Cuv.* (Tringa *Temm.*) Strandläufer. kr. pródnik *F.*

1. C. (Tr.) cinerea *L.* afchgrauer Strandl. fivi pródnik. 201.)

C. ferruginea C. naevia. grisea B r i s s. Tringa grisea G m. hybern. T. Canutus G m. hyb. K. B. australis G m. im Sommerkleide islandica G m. ferruginea M a y e r. rufa W i l s o n. Glareola P a l l. Kanut, kr. fredni dúlar. icon F r i s c h 237. N a u m. Nachtr. 9. f. 19. 20.

In Sümpfen. Zugvogel.

2. C. (Tr.) minuta *Leisl.* Zwergstrandl. mali pródnik *F.* 202.)

Tr. pusilla M. et W. icon N a u m. 21. f. 50. et III. 21. f. 30.

An Flüssen im Zuge.

VI. ARENARIUS *F.*   Sanderling.   fr. pèſhenik *F.*

* Arenaria B e ch s t. bereits ein Pflanzenname.

1. **A. Calidris** *M.* grauer Sanderling. ſivi peſhénik *F.* 203.)

A. grisea B. vulgaris L e i s l. Calidris arenaria I l l i g. Charadrius Calidris, rubidus G m. Tringa arenaria L. tridactyla P a l l, fr. dûlar. icon N o z. 145. N a u m. Nachtr. XI. f. 25.

An Flüſſen.

VII. PELIDNA *Cuv.*   Meerlerche.   fr. dúlnik *F.*

1. **P. (T.) Cinclus** *L.* gemeine Meerlerche. ſpremenívi dúlnik. 204.)

P. variabilis C. Numenius — B e ch s t. Tringa — M. alpina G m. Cinclus torquatus B r i s s. T. ruficollis G m. trillernder Strandläufer, fr. mali rujavi dularzhik, mali martinz, icon N o z. 159. F r i s ch 241. N a u m. III. t. 21. f. 29.

In Sümpfen. Zugvogel.

VIII. MACHETES *Cuv.* (Actitis *Ill.*) Kampfhahn. fr. tegótnik *F.*

1. **M. pugnax** *C.* Kampfſtrandläuf. ſpremenivi tegótnik. 205.)

Tringa pugnax L. S c o p. grenovicensis L a t h. pull. variegata B r ü n n. equestris L a t h. rufescens B e ch s t. Streithahn. icon N o z. 16. cum nido. F r i s ch. 232 — 235. N a u m. III. t. 13 — 16. f. 13 — 22.

Zugvogel.

IX. TOTANUS *Bechst.*   Waſſerläufer.   fr. martínz.

1. **T. Glottis** *L.*   grünfüßiger Waſſerläufer. selénonogalti martinz *F.* 206.)

T. fistulans N. B. griseus B. chloropus M. Scolopax Glottis B. Limosa grisea B r i s s. Glottis natans K o c h. heller Waſſerläufer. icon N a u m. III. 7. f. 7.

An ſumpfigen und ſteinigen Flußufern.

2. **T. fuscus** *Leisl. Briss.* dunkler Waſſerläufer. zhernívi martinz *F.* 207.)

T. natans, maculatus B. Scolopax canonicus G m. Bes. pull. cantabrigiensis G m. pull. nigra G m. fusca L. Totanus, calidris L. hyb. Tringa atra G m. Gambetta S c. Limosa fusca B r i s s. fr. velki zherni dúlar, velki dular. icon N o z. 132. F r i s ch. 236. N a u m. III. 8. f. 8. Nachtr. 37. f. 74.

An Ufern.

3. **T. Gambetta** *Voigt.* Meerwaſſerläufer. seléni martínz. 208.)

T. Calidris B. Scolopax — L. Tringa Gambetta G m. variegata B r ü n n i ch. Totanus striatus, naevius B r i s s. rothfüßiger Waſſerläufer, Gambette, fr. seléni dular. icon F r i s ch 240. N a u m. 9. f. 9.

Auf ſumpfigen Wieſen, an Flüſſen und Seen.

4. **T. stagnatilis** *Bechst.* Teichwaſſerläufer. jesérſki martinz *F.* 209.)

icon N a u m. III. t. 18. f. 23.

Zugvogel aus Norden.

5. T. Ochropus *Temm.* punftirter Wafferläufer. pikzhafti martínz *F.* 210.)

Tringa — L. littorea. Fr. velki martínz. icon N o z. 163. F r i s ch 239. N a u m. III. 3. 19. f. 24.
An Ufern.

6. T. hypoleucus *Temm.* trillernder Wafferläufer. mali martínz. 211.)

Tringa — L. N. canutus R e tz. Actitis hypoleucos B o i e. icon N a u m. III. 20. f. 26.
An Seen und Flüffen.

X. HIMANTOPUS *Briss.* Strandreiter. Fr. ftrélzar Z.

1. H. atropterus *Mayer.* fchwarzflüglichter Strandreiter. zherni ftrélzar. 212.)

H. rufipes B. Charadrius Himantopus L. autumnalis H a s s. Hypsibates Himant. N i t s ch. Fr. ftrélzar, lieb ftreuzar. icon N a u m. III. 12. f. 12.
An Ufern im Zuge. Selten.

XI. RECURVIROSTRA *L.* Säbelfchnäbler. Fr. savíhka.

1. R. Avocetta *L.* blaufüßiger Säbelfchnäbler. bela savíhka. 213.)

syn. savíhka, savíhakljun. icon N o z. 37. cum nido.
Seevogel.

D. *MACRODACTYLI.* Langzeher.

I. RALLUS *L.* Ralle. Fr. zapavósník.

1. R. aquaticus *L. Sc.* Wafferralle. mlakni zapavósník. 214.)

Gallinula sericea W i l l. (Ortygometra) B e l o n. Fr. zapavósník, fredni mlakóth, (mokóth.) icon N o z. 134 ♂ · 135 ♀ · Frisch. 212. N a u m. 20. f. 41.
An Bächen, Teichen, auf naffen Wiefen, e. g. bei Luftthal.

II. CREX *Bechst.* Schnarrer. Fr. kófez.

1. C. pratensis *B.* Wiefenfchnarrer. trávnifki kófez *F.* 215.)

Rallus Crex L. S c. Gallinula Crex T e m m. Wachtelkönig, Strohfchneider, Schnärz; Fr. kófez, ftergár, hreflár, hrezhmøn; windifch harezh P. M. harish, krezhlik, kraz. icon N o z. 141. F r i s ch 212 b. N a u m. II, 5. f. 5.
In naffen Wiefen und im Sommergetreide.

2. C. Porzana *V.* punftirte Ralle. gráhafti kófez. *F.* 216.)

Rallus Porzana G m. Gallinula — L a t h. Tringa — S c o p. Ortygometra — L e a ch. Fulica naevia G m. Rallus fulicula S c. mittlere Wafferralle, Sumpfhuhn; Fr. grakafti mlakoth, fredni mlakóth (mokóth.) icon N o z. 181. F r i s ch 211. N a u m. III. 31. f. 42.
In der Nachbarfchaft der Sümpfe, an Gewäffern.

3. C. pygmaea *Naum.* Zwergralle. páglovi kófez *F.* 217.)

Gallinula Bailonii V i e i l l. Ortygometra pygmaea K. B. Zwergfumpfhuhn.

4. C. pusillus *V.* kleines Rohrhuhn.   mali kólez *F.* 218.)

Rallus — G m. parvus S c o p. Gallinula pusilla B. Ortygometra minuta K. B. Sumpfhuhn, kr. mali mlakóſh (mokóſh); jàrzhik.
An Seen, Teichen im Rohr.

III. GALLINULA *Lath.*   Rohrhuhn.   kr. mlakóſh *F.*

1. G. Chloropus *Lath.* grünfüßiges Rohrhuhn. selénono-gaſti mlakóſh *F.*   219.)

G. fusca L a t h. * Fulica Chloropus G m. S c. albiventris S c. F r i s ch. fusca, fistulans G m. pull. major B r i s s. Teichhuhn, kr. mokúſhka s' rudézho liſo, mokúſhka s' ruméno liſo. icon N o z. 59 cum nido. F r i s ch 209. 210. N a u m. III. 29. f 38. 39.
An Seen und Teichen im dichten Rohre.

IV. FULICA *L.*   Wasserhuhn.   kr. liſka.

1. F. atra *Gm. Scop.* schwarzes Wasserhuhn. zherna liſka. 220.)

F. aterrima, aethiops G m. kr. liſka ; windiſch plaska, tnkalza. icon N o z. 32. 33 nidus. F r i s ch 208. N a u m. III. 30. f. 40.
In Sümpfen und Teichen.

V. GLAREOLA *Gm.*   Sandhuhn.   kr. tékiza.

1. G. torquata *Mayer.* Halsband=Giarol. kómatna téki-za *F.*   221.)

G. austriaca G m. naevia G m. pull. pratincola L. Hirundo pratincola L. Brachſchwalbe, kr. tékza, morſka laſtovza? icon N a u m. Nachtr. 29. f. 58. 59.
An Ufern der Flüſſe und Seen, e. g. im April am Kleingraben Zois.

Sechste Ordnung.

Palmipedes. Schwimmvögel. *plavútne.*

Erste Familie.

Brachypteri *Cuv.* Pygopodes *Ill.* Taucher.

I. PODICEPS *Lath.*   Steißfuß.   kr. pandírk.

1. P. cristatus *Lath.* großer Steißfuß. velki pandírk. 222.)

Colymbus cristatus G m. S c. urinator G m. S c. cornutus B r i s s. gehäub=ter Steißfuß, kr. zhopaſti pandírk, velki potaplóvz, sgonz. icon N o z. 88 cum nido. F r i s ch 183. N a u m. III. t. 69. f. 106.
Auf ſtehenden Wäſſern.

2. P. (C.) cornutus *Mayer.* gehörnter Steißfuß. ſrédni pandírk.   223.)

Colymbus obscurus, caspicus G m. icon N a u m. III. t. 71. 109. pull.
Auf Seen und Teichen.

3. **P. (C.) minor** *L.* Kleiner Steißfuß. mali pandirk. 224.)

Colymbus hebridicus N. pyrenaicus. fluviatilis B r i s s. Taucherl, kr. mali
potaplóvz, pandirk, potaplifhiza, pizhla. icon N o z. 120. F r i s ch 184.
N a u m. III. 71. f. 100 — 112.

Auf Flüssen, Seen, Teichen.

4. **P. (C.) auritus** *Lath.* Ohren=Steißfuß. uhasti pandirk. 225.)

syn. fredni potaplóvz. icon N a u m. III. 70. f. 108. S t u r m. H. I. 6.
Auf Seen und Teichen.

II. EUDYTES *Ill.*   Seetaucher.   kr. flapnik.

Colymbus L a t h. Mergus B r i s s. cepphus P a l l.

1. **E. (C.) glacialis** *L.* schwarzhalsiger Seetaucher. velki
flapnik.   226.)

C. atrogularis M a y e r. Immer G m. primi anni, ignotus, leucopus B. torquatus B r ü n n. großer Eistaucher, kr. flapnik, velki potaplóvz, savfki
potaplóvz, góslar. icon F r i s c h 185. suppl. A. N a u m. III. t. 76. f.
103. Nachtr. 31. f. 61.

Im Zuge auf Seen und Flüssen.

2. **E. (C.) arcticus** *L.* schwarzkehliger Taucher. lisasti flapnik *F.*   227.)

Polartaucher. icon N a u m. III. t. 6. f. 105 et Nachtr. 30. f. 60.
Wie voriger.

3. **E. (C.) septentrionalis** *L.* rothkehliger Seetaucher. ru-
jávogerlasti llapnik *F.*   228.)

C. rufogularis M a y e r, Lumme B r ü n n. stellatus G m. pull. icon N a u m.
III. 67. f. 94. (nach S c h i n z 104) et Nachtr. 31. f. 62.
Wie vorige.

———

Zweite Familie.

Longipennes. Langflügler.

I. PROCELLARIA *L.*   Sturmvogel.   kr. strákosh.

1. **P. pelagica** *L.* kleiner Sturmvogel. mali strákosh. 229.)

Thalassidroma pelagica V i g e r s. icon N o z. 126. S t u r m H. 2. 5.
Seevögel, selten nach Krain verfliegend. Z.

II. LARUS *L.*   Möve.   kr. tónovfhiza.

1. **L. marinus** *L.* Mantelmöve. velka tónovfhiza *F.* 230.)

Am Wocheiner See 1841.

2. **L. glaucus** *L.* Burgermeister Möve. pepélnata tónovfhiza *F.*   231.)

Große weißschwingige Möve. icon N a u m. I. Ausg. 36 sec. V o i g t III.
t. 55. f. 50. S c h i n z.
An Flüssen, Seen, Teichen bei stürmischer Witterung.

3. **L. fuscus** *L. Sc.* Häringsmöve. rujáva tónovſhìza. 232.)

L. flavipes M a y e r. Gavia grisea B r i s s. fr. fredna tónovſhiza, grahlja. icon F r i s c h. 218. N a u m. I. f. 51. B.
Wo vorige und folgende.

4. **L. cyanorhynchus** *Mayer.* Sturmmöve. ſiva tónovſhìza. 233.)

L. canus L. cinereus S c o p. hybernus G m. blaufüßige Möve, fr. syn. pi-
jálo, pijal P. M. plavka, piulk, poſavka.

5. **L. ridibundus** *L.* Lachmöve. rudezhonógna tónovſhìza. 234.)

L. erythropus, cinerarius, atricilla G m. canus auctorum, canescens B.
naevius P a l l. capistratus T e m m. rothfüßige Möve, fr. tónovſhiza.
icon N o z. 80 ♂ · 81 ♀ cum nido, N a u m. III. t. 23. f. 44. Nachtr.
36. f. 70.

6. **L. tridactylus** *Lath.* dreizehige Möve. trikrémplaſta tónovſhìza *F.* 235.)

L. Rissa G m. B r ü n n. torquatus, Gavia, canus P a l l. icon N a u m. t.
33. f. 47.

III. LESTRIS *Ill.*   Raubmöve.   fr. govnázhka F.

1. **L. parasitica** *Ill.* Struntjäger. rujava govnázhka. 236.)

Larus parasiticus L a t h. Catarrhacta parasita B r ü n n. kurzſchwänzige
Schmarozermöve, Kothmöve.
Im Zuge vom nördlichen Europa.

2. **L. pomarina** *Temm.* breitſchwänzige Schmarozermöve.
krégulna govnázhka *F.* 237.)

L. crepidatus M a y e r. Catarrhacta Cephus B r ü n n. geſperrte Schmarozermöve. icon N a u m. III. t. 33. f. 49.
Auf dem Laibacher Moraſte 27. September 1841.

IV. STERNA *L.*   Meerſchwalbe.   fr. mahávka.

1. **S. Hirundo** *L. Sc.* rothfüßige Seeſchwalbe. navádna mahávka *F.* 238.)

Gemeine Seeſchwalbe, fr. ribizh. icon N o z. 56 ♀ cum nido. 57 ♂.
F r i s c h 219. N a u m. III. 37. f. 52.
Auf Landſeen und Teichen.

2. **S. minuta** *L.* kleine Seeſchwalbe. mala mahávka. 239.)

S. parva P e n n a n t. icon N a u m. III. 38. f. 55. 56.

3. **S. cantiaca** *Gm.* weißgraue Seeſchwalbe. ſivkaſta mahávka *F.* 240.)

S. striata G m. Stüberica O t t o, canescens M a y e r, Boysii L a t h. colum-
bina S c h r a n k. Brandſeeſchwalbe, fr. plávka.
Un Seen.

4. **S. nigra** *Briss.* ſchwarzgraue Meerſchwalbe. zherna mahávka. 241.)

S. obscura Mayer. fissipes, naevia Gm. ſchwarze Seeſchwalbe, kr. mohávka, icon Noz. 68 cum nido. Frisch 220. Naum. III, t. 37. f. 53. 54.

Auf Landſeen.

5. S. leucoptera *Sch.* weißſchwingige Meerſchwalbe. beloperútna mahávka *F.*　　　　　242.)

S. nigra L. fissipes Pall.

Im Zuge auf Gewäſſern.

Dritte Familie.

Totipalmati. Steganopodes, mit ganzen Schwimmfüßen.

I. PELECANUS *L.*　　　Pelikan.　　　kr. neſít.

1. P. Onocrotalus *L. Scop.* großer Pelikan. velki neſít. 243.)

syn. sec. Zois neſít, velakin, vodeni bik, pelekán, icon Frisch 186. Naum. Nachtr. t. 63.

II. HALIEUS *Ill.*　　　Scharbe.　　　kr. kavrán.

1. H. Carbo. Kormoran Scharbe. velki kavrán *F.* 244.)

Phalacrocorax Carbo Briss. Pelecanus — Gm. Scop. Carbo Cormóranus Mayer. kr. povódni vrán, pomórſki vrán. icon Noz. 49., 50 nidus. Frisch 187. 188. Naum. Nachtr. t. 64.

Lebt von Fiſchen.

2. H. (C.) graculus *Mayer.* Krähenſch. mali kavrán *F.* 245.)

Phal. — Briss. Pelecanus graculus, africanus Gm. kr. mali morſki vrán.

Selten, 6. November 1796 Z.; 1834 bei Kroiſenbach in Unterkrain; 1841 bei Reifniz erlegt.

Vierte Familie.

Lamellirostres. Zahnſchnäbler.

ANATES. Entenartige Vögel.

I. CYGNUS *Bechst.*　　　Schwan.　　　kr. labúd.

1. C. gibbus *B.* Höckerſchwan. rudezhokljunaſti labúd *F.* 246.)

Anas Olor L. ſtummer Schwan, kr. domazhi labúd. icon Frisch 152. Naum. III, t. 39.

Im Zuge an Flüſſen und Seen.

2. C. musicus *B.* Singſchwan. zhernokljunaſti labúd *F.* 247.)

C. melanorhynchus Mayer. Anas Cygnus L. ſchwarzſchnäbliger Schwan. divji labúd. icon Naum. Nachtr. XIII. f. 27.

Wie voriger.

II. ANSER *Briss.*   Gans.   fr. góſ.

1. A. cinereus *M.* Graugans. ruménokljunaſta góſ *F.* 248.)

A. vulgaris P a l l. Anas Anser ferus G m. wilbe Gans, divja góſ. icon N o z. 105 cum ovo. N a u m. III. t. 41. f. 60.
Im Zuge an Gewäſſern.

2. A. segetum *M.*   Saatgans.   nívna góſ *F.* 249.)

A. sylvestris B r i s s. fr. guſ, divja góſ. goſják ♂ · góſa ♀ · icon F r i s c h 155. N a u m. t. 42. f. 61.
Im Zuge an Flüſſen unb Seen.

III. ANAS *Bechst.*   Ente.   fr. ráza.

1. A. fusca *L.*   Sammetente.   zherna ráza. 250.)

A. fuliginosa B. Carbo P a l l. Oidemia fusca F l e m. fr. velka zherníza. icon N o z. 169. F r i s c h 165. suppl. N a u m. III. t. 60. f. 91. Nachtr. 15. 16.
Im Zuge an Flüſſen unb Seen.

2. A. glacialis *L.*   Eisente.   simſka ráza. 251.)

A. hyemalis G m. brachyrhynchos B e s e k e. Harelda glacialis L e a c h. fr knipka. icon N a u m. 25. f. 76. III. 52. f. 76. a. b.
Von norbiſchen Meeren im Zuge.

3. A. Clangula *L. Scop.* Schellente. svonz ráza *F.* 252.)

A. Glaucion L. S c. Glaucion Clangula K. B. fr. zherni sgonz, rujávi svonz, ſhpeglar, frákarza. icon N o z. 172. F r i s c h 181. 182. N a u m. I. 55. f. 81. 82.
Auf Landſeen, an Flüſſen.

4. A. ferina *Gm.*   Tafelente.   ſívka ráza. 253.)

A. rufa G m. ruficollis S c o p. Fuligula ferina R a j. fr. ſívka. icon N o z. 159 ♂ · 160 ♀ · F r i s c h 165. N a u m. III. 58. f. 87. 88.
Im Schilfe.

5. A. Marila *L.*   Bergente.   rujávka ráza *F.* 254.)

A. frenata M u s. C a r l s. ♀ · subterranea S c o p. Fuligula Marila R a j. fr rujávka. icon N o z. 138 cum ovo. F r i s c h 193. N a u m. III. t. 59. f. 89 et 90. B.
Im Zuge aus Sibirien an Wäſſern.

6. A. leucophthalmos *Bechst.* weißaugige Ente. kóſtanjeva ráza *F.* 255.)

A. Nyroca, africana G m. leucopsis N a u m. icon N a u m. III. t. 59. f. 89.
Auf Seen unb Flüſſen.

7. A. fuligula *L. Sc.* Haubenente.   zhópaſta ráza. 256.)

A. scandiaca G m. pull. Reiherente, fr. zhópaſta zherníza. icon N o z. 142 ♂ · 143 ♀ · F r i s c h 171. N a u m. III. 56. f. 83. 84.
Wie vorige.

8. A. spinosa *Lath.!* **257.)**

Am 28. October und 12. November 1798 in Pripofhiza geschossen. Z o i s Not. und in litt an P. T. L. B. de E r b e r g sine dato: Dieser Tage hat ein Schiffmann zwei Exemplare der Anas spinosa L a t h a m y einge= bracht, die eigentlich der andern Hemisphäre angehört, und in Europa noch von keinem Naturalisten gesehen, wenigst nicht beschrieben worden ist. Ich zweifle nicht, daß uns L i n n e et S c o p o l i auch in diesem Fa= che noch Manches zur Nachlese hinterlassen haben. S. Z o i s m. p.

Nach V o i g t in Cayenne.

9. A. clypeata *L. Sc.* gemeine Löffelente. shlízarza ráza. **258.)**

Rhynchaspis — L e a c h. kr. shlizharza, kembel bei Lußthal. icon N o z. 130 ♂ . 131 ♀ cum ovo. F r i s c h 161. 162. 163 ♀ . N a u m. III. 49, f. 70. 71.

10. A. Tadorna *L.* Brandente. mórfka ráza. **259.)**

A. cornuta G m. Vulpanser Tadorna K. B. Fuchsente. icon N o z. 99 ♂ . 100 ♀ cum ovo. F r i s c h 166. N a u m. Nachtr. t. 55. f. 103. 104.

Selten.

11. A. acuta *L. Sc.* Spießente. dólgorepna ráza *F.* **260.)**

Dafila — L e a c h. A. longicauda B r i s s. Spißente, kr. dólgorepka. icon N o z. 92 ♂ . 93 ♀ cum ovo. F r i s c h 160. 168 ♀ . N a u m. 51. f. 74. 75.

Bei Reifnitz öfters.

12. A. Boschas *L.* gemeine Ente. navádna ráza *F.* **261.)**

Stockente, wilde Ente, Hausente, kr. divja ráza , vélka ráza , rázman ♂ . icon N o z. 111 ♂ 112 ♀ . cum ovo. F r i s c h 158. 159 ♀ . N a u m. III. t. 44.

Auf Sümpfen.

13. A. strepera *L.* Schnatterente. konopníza ráza. **262.)**

Chauliodes — S w a i n s. kr. konopníza , berlosga ; windisch shlabravka, feßla. icon N o z. 161 ♂ . 162 ♀ . N a u m. III. t. 46. nach V o i g t 45. f. 65.

Wie vorige.

14. A. Penelope *L.* Pfeifente. svishgáva ráza *F.* **263.)**

A. fistularis G e s s n. Branta albifrons ♂ S c o p. Mareca Penelope S t e p h. kr. svishgívka. icon N o z. 109 ♂ . 110 ♀ . F r i s c h 164. 169. N a u m. III. t. 50. f. 72. 73.

15. A. querquedula *L. Sc.* Knäckente. krépliza ráza. *F.* **264.)**

A. circia G m. Cyanopterus Querq. E y t. kr. krépliza ♀ . regelz ♂ , re= gelza , régliza. icon N o z. 94 ♂ . 95. ♀ cum nido. F r i s c h 176 ♂ . N a u m. 47. f. 66. 67.

In Sümpfen und auf Teichen.

16. A. Crecca *L.* Kriechente. mala ráza. **265.)**

Krickente, kr. kréhelz ♂ . icon N o z. 77 ♀ c. nido. 76. ♂ . F r i s c h 174. N a u m. III. 48. f. 68. 69.

Wie vorige.

IV. MERGUS *L.* Säger, Taucher. fr. potaplóvz.

1. M. Merganser *L.* Gänsesäger. velki potaplóvz *F.* 266.)

M. aethiops Sc. ♂. Gulo Sc. ♀. Castor G m. ♂ pull. rubricapillus G m. große Tauchgans, großer Sägetaucher, kr. velka fávfhiza, ribizh in der Wochein. icon N o z. 166. F r i s c h 190. N a u m. III. t. 61. f. 93. Auf Seen und Flüssen, e. g. am Zirknißer See. December. Z o i s. an der Laibach 2c.

2. M. Serrator *L.* langschnäbliger Säger. frédni potaplóvz *F.* 267.)

M. leucomelas, serratus, niger G m. Merganser cristatus B r i s s. gezopfter Säger, kr. favfhki potaplórz, fávfhiza. icon N o z. 124 ♂. 125 ♀. N a u m. III. t. 61. f. 94. nach V o i g t 90. Wie voriger und folgender.

3. M. albellus *L.* weißer Säger. mali potaplóvz *F.* 268.)

M. minutus L. Sc. N o z. albulus Sc. mustellinus E n l. pannonicus, serrator L a t h. glacialis B r ü n n. Merganser stellatus B r i s s, Sägetaucher, kr. belizh l icon N o z. 151 ♀. 152 ♀. 185 ♂. F r i s c h 172 ♂. N a u m. III. t. 63. f. 97.

---

* Unbestimmte.

Gnojobrodenza, lipèk bei Jbria, reshgotinz Tyrot, fikelza Schmelche, vdobizh Speyerl.

III.

REPTILIA.

Reptilien.

GOLÁSEN.

I. Chelonii. Schildkröten.

I. TESTUDO *L.*   Schildkröte.   fr. fkorjázha.

1. T. marginata *Voigt.* pag. 7. gerandete Schildkröte. ptuja fkorjázha *F.* 1.)

An der Kulp im Walde zhávizhe in einer Felſenparthie 1840 gefangen, von der Herrſchaft Freithurn, Bezirkes Krupp, lebend an hieſiges Muſeum eingeſendet!

II. EMYS.   Waſſerſchildkröte.   fr. fklédniza.

1. E. europaea *Schneider.* Flußſchildkröte. povódna fkledniza *F.* 2.)

Testudo orbicularis L. fr. fkledniza P. M. windiſch kornjazha, shelva, fkorjazha. icon S t u r m H. III. t. 1. 2. 3.
Zu Krupp in Unterkrain, im Teiche bei Prilosje, Gemeinde Gradaz 1838.

II. Saurii. Eidechsenartige Thiere. *Lacertini.*

I. LACERTA.   Eidechse.   fr. áfharza.

1. L. víridis *W.* grüne Eidechſe. seléna áfharza *F.* 3.)

L. smaragdina M e i s n e r. fr. kúfhar, selénz, icon S t u r m H. IV. t 6.
Im Geſträuche und dürrem Laube.

2. L. agilis *L.* gemeine europäiſche Eidechſe. navádna áfharza. 4.)

L. stirpium, arenicola D a u d, sepium C u v. Seps agilis S c h r a n k. S. Argus, coerulescens L a u r. fr. bei Laibach martínzhek, bei Jdria áfharza. icon S t u r m H. II. t. 5. 6.

2. *b*) L. pyrrhogaster *Merr.* ſafranbäuchige Eidechſe. shífrava áfharza *F.*

L. crocea W. St. H. IV. t. 8. Seps muralis L a u r.
An ſandigen, ſteinigen, trockenen Orten, Gartenmauern, Schutt ꝛc. crocea in Innerkrain am Karſt.

III. Ophidii. Schlangen. *kázhe.*

A. *ANGUINEI.* Schleicher.

I. ANGUIS *L.*   Blindschleiche.   fr. flépez.

1. A. fragilis *L.* gemeine Blindschleiche. navádni flepez. 5.)

Typhlus fragilis. K. T. lineatus L a u r. winbifch flepir. icon S t u r m H. III. t. 10. lineatus t. 11.

Un trockenen Orten, auf Wiesen. A. lineata hinter Baumrinden unter Thurn, ob Rosenbach.

B. *SERPENTES.* Schlangen.

II. COLUBER *L.* Natrix *Merrem.* Oligodon *Boie.* Natter. fr. kázha.

1. C. Natrix *L.*   Ringelnatter.   belaúfhka kázha *F.* 6.)

Natrix vulgaris L a u r. torquatus L a C é p. fr. belaúfhka. icon S t u r m Fauna H. III. t. 9.

Auf Wiesen, in stehenden Gewässern 2c.

2. C. austriacus *Gm.*   glatte Natter.   rujáva kázha. 7.)

C. laevis M e r r. thuringiacus B e c h s t. braune Natter. icon S t u r m H. II. t. 7. 8.

In Wiesen, auf Bergen, in Waldungen, e. g. bei Laibach. Oberlaibach. Un der ‚Saviza gegen der Komna Alpe. Se. Majestät der König von Sachsen 1811.

3. C. isabellinus *Freyer.* isabellgelbe Natter. rumeniva kázha *F.*   8.)

C. flavescens Se.? fr. belíza. bela kazha.

Einfärbig isabellgelb, unten lichter, im Weingeiste erbleichend. Auge roth. Der flache vorn und am Halfe verengte Kopf, wird mit 11 Schild= chen gedeckt, als: am Vorderrandschilde ob den Nasenlöchern zwei, daran zwei größere, drei ob den Augen, mittleres schaufelförmig, hin= ter den folgenden zwei länglichten größten, zwei kleine Schildchen, an welche sich dann die glatten Rückenschuppen anschließen.

Oberkiefer. Vorderschild halbmondförmig flach, an welches sich zu beiden Seiten acht ungleiche anschließen, den Mund= saum bildend, als: vor dem Nasenloche eins, und hinter selbem drei bis zum Auge, nach diesem zwei, drei, vier, die bis zu den zwei großen verengten Kopfschildern reichen.

Unterkiefer mit 21 Schildchen eingefaßt, vorderstes dreieckig, 10 Schildchen an der Kehle werden von 12 ungleichen eingeschlossen, wovon die zwei großen Endpaare der Linie der Augenmitte sich berühren, der Art, daß nach dem ersten Bauchschil= de drei Paare auf einanderfolgen; dann drei Schildchen in der Reihe, ein ähnlich längliches schließt sich an die oben erwähnten ersten zwei größeren. Bauchschilder 221, ein getheiltes deckt den After, Schwanzschil= derpaare 82, in eine Spitze endigend.

Ganze Länge 2 Schuh, 6 Zoll; Schwanzlänge 5 1/4 Zoll.

Bei Feistenberg in Unterkrain. Von F r i e d r i c h R u b e f ch eingesendet.

Im Vergleiche mit voriger, ist bei Coluber austriacus der Kopf mit neun Schildern gedeckt, als: am Vorderrandschilbe ob den Na= senlöchern zwei, daran zwei größere, drei ob den Augen, mittleres

ſchaufelförmig, hinter den folgenden zwei länglichten größ=
ten, folgen dann die glatten Rückenſchuppen. Vorder=
ſchild des Oberkiefers ein erhabenes ſtumpfes Dreieck bil=
dend, an welches ſich zu beiden Seiten ſieben ungleiche
anſchließen, den Mundſaum bildend, wie folgt: Naſenöffnung
im durchlöcherten Schildchen, hinter ſelben zwei bis zum
Auge, nach dieſem 2, 2, 2, 3, die bis zu den zwei großen ver=
engten Kopfſchildern reichen. Unterkiefer mit 19 Schildchen
eingefaßt, vorderſtes dreieckig; nach dem erſten Leibſchilde fünf Schild=
chenpaare an der Kehle, wovon die vorderſten zwei Paare größer und
länglich ſind, übrige ſind Schuppen. 171 Bauchſchilde, 57 Schwanz=
ſchildpaare in eine feine Spitze endigend. Ganze Länge 1 Schuh, 9 1/2
Zoll; Schwanzlänge 4 1/4 Zoll. Ein zweites Exemplar von 1 Schuh,
9 Zoll Länge, zählte 176 Bauchſchilde.

4. C. Aesculapii *Sh.* Aeskulapsſchlange. seléna kázha *F.* 9.)

kr. goſh, vósh. icon Sturm H. II. t. 11. 12.

In Innerkrain; var. nigra kr. zherníza in Weingärten, e. g. zu Oberfeld
ob Wipbach.

5. C. tessellatus *Mikan.* Würfelnatter. kóbraſta ká=
zha *F.* 10.)

C. hydrophylus Lind. kr. roſíza, miſhenza, ſmerdliva kázha. icon St. H.
IV. t. 3.

In feuchten Wieſen, in Häuſern, lichtem Laubgehölze, e. g. bei Laibach,
Ruckenſtein.

III. VIPERA *Daud.* Viper. fr. gâd.

1. V. Ammodytes *D.* Sandviper. rilzhni gâd *F.* 11.)

V. illyrica Aldrov. Coluber Ammodytes L. Brennſchlange, Viper mit ge=
hörnter Schnauze, kr. gâd, modraſ, modrós, jihterka P. M. icon St.
H. II. t. 9. 10.
In Kalkgegenden, braun und blaugrau, auch ziegelrothe in Innerkrain.

2. V. Prester *C.* ſchwarze Viper. zherni gâd. 12.)

Coluber Prester L. icon St. H. IV. t 1.

In Waldungen Innerkrains, auf dem Schneeberge ſüdlich, in der Losa
Waldung am Karſt. var. gagatina F. auf dem Steiner Berg im Urata
Thal bei Mojſtrana. Beide giftig.

IV. Batrachii. Froſchartige Reptilien.

A. I. RANA *L.* Froſch. fr. shába.

1. R. esculenta *L.* grüner Waſſerfroſch. seléna shába. 13.)

icon Rösel t. 13. 14. Sturm H. I. t. 10. 11.
In ſtehenden Wäſſern.

2. R. temporaria *L.* brauner Graßfroſch. rujáva shába. 14.)

syn. hersheniza. icon Rösel t. 1. 2. 3.
In Wieſen, Feldern, Gärten und Wäldern. Oberkrain, Gottſchee.

II. HYLA *Laur.* Calamita *Merr.* Laubfroſch. fr. vejnik.

1. H. arborea *Laur.* gemeiner Laubfroſch. seléni vejnik *F.* 15.)

Rana viridis L. arborea L. Laubkleber, kr. liſtna shába; windiſch vejník icon Röſel t. 9. 10. 11. Sturm H. I. t. 12.
Auf Bäumen und im Geſträuche.

III. BUFO *Laur.*   Kröte.   kr. króta.

1. B. vulgaris *Laur.* gemeine Kröte. ſhilman króta *F.* 16.)

B. cinereus Merr. Rana Bufo L. kr. ſhilman am Karſt. icon Röſel 20.
An feuchten dunkeln Orten, in Gärten, Mauerlöchern, Schutthaufen.

2. B. (R.) Calamita *L.* Kreuzkröte. ſmerdlíva króta *F.* 17.)

Rana portentosa Blumb. mephitica, cruciata, foetidissima Auctorum.
Unke, ſtinkende Kröte; windiſch puſ, ſhatorniza. icon Röſel. t. 24.
In alten Gebäuden, Steinhaufen, Mauerlöchern, Kellern, im Frühling in ſtehenden Wäſſern, Schilfteichen.

3. B. fuscus *Laur.* braune Kröte.   rujáva króta. 18.)

Rana fusca Bechst. Waſſerkröte. velka króta. icon Röſel XVII. XVIII.
In der Nähe der Wäſſer, Gorjanz Wald.

4. B. (R.) variabilis *Gm.* veränderliche Kröte. seléna króta.   19.)

B. viridis, schreberianus Laur. icon St. H. II. t. 1. 2.
In Gärten, e. g. in Innerkrain, am Karſt.

IV. BOMBINATOR *Merrem.*   Feuerkröte.   kr. urh.

1. B. igneus *M.* gelbbauchige Kröte. mlákni urh *F.* 20.)

Rana bombina L. Bufo bombinus Latr. Broße; kr. urh, moriah. icon Röſel XXII. Sturm II. I. t. 4.

In Teichen, Waſſergräben, Sümpfen.

* B. ignei var Oben braun dünkler gefleckt, Warzen mit weißen Punkten, Unterſeite glatt, blaßgelb, ſchwarz gerandet, regelmäßig gezeichnet; am Bauche zwei ſchwarze linſengroße Flecken. Bei Ibria in Pfützen.

B. *SALAMANDRÆ.* Salamander.

I. SALAMANDRA *Laur.* Landſalamander. kr. mazharád.

1. S. maculosa *Laur.* Erdſalamander. piſani mazharád. 21.)

S. terrestris Wurfb. Lacerta Salamandra L. kr. mazharád, mazhardl, mozherad. icon Sturm H. II. t. 3. 4.
In dunklen feuchten Orten, in Wäldern, Erdhöhlen, Felſenritzen, Kellern.

2. S. atra *Laur.* ſchwarzer Salamander. zherni mazharád. 22.)

S. fusca Gessner. Lacerta atra Wolf. Alpenſalamander. jicon Sturm II. III. t. 10.
Unter Steinen und im feuchten Moos der Alpen Oberkrains.

II. TRITON *Laur.*   Waſſerſalamander.   kr. púpik.

1. T. alpestris. *Laur.* Alpenmolch. planinſki púpik *F.* 23.)

Brunnen = Triton. kr. púpki plur. icon Sturm H. 5. t. 7 — 10.
In Gebirgen an Pfützen, ſtehenden Wäſſern.

2. **T. palustris** *Merr.* Wafferfalamander. mlakni púpik *F.* 24.)
T. cristatus L a u r. icon S t u r m H. III. t. 4. 5.
In Sümpfen.

3. **T. punctatus.** fleckiger Molch. pikzhafti púpik *F.* 25.)
Lacerta taeniata S t u r m H. III. t. 7. 8. Teichfalamander.
Unter Moos, hinter Baumrinden.

III. **HYPOCHTHON** *Merr.* Olm. kr. mozharíla *F.*
1. **H. Laurentii** *Fitz.* aalförmiger Olm. temnótna mozharíla *F.* 26.)
Proteus anguineus L a u r. Siren anguina S c h n e i d. Laurentifcher Proteus, kr. zhlovéfhka ríbiza bei S i t t i ch. icon C o n f i g l i a c c h i e
R u s c o n i Monografia del P r o t e o anguineo! bei S t u r m male.
Nicht in Kärnthen, da der Zirknitzer See in Innerkrain liegt. Der Proteus
bisher blos in Krain! und zwar beinahe in allen unterirdifchen Wäf-
fern, bei deren Anfchwellungen die Olme zu Tage gefördert werden.
In der Magdalena Grotte, eine Stunde von Adelsberg, find folche öfters fchwimmend zu fehen. Sie leben von kleinen Wafferfchnecken P a -
l u d i n a viridula, kleinen Fifchen, die fie in den erften Tagen der Gefangenfchaft von fich geben. Zuweilen häuten fie fich. Gewöhnliche Far-
be fleifchfarb, aber auch fchwärzliche mit gelben Flecken werden, jedoch
felten, gefunden; durch längere Gefangenfchaft beim Zutritt der Lichte
werden fie fchwärzlich. Fortpflanzung noch unbekannt.

IV.

PISCES.

Fifche.

RIBE.

I. Acanthopterygii. Stachelflosser.

Erste Familie.

Percoidei. Barschartige Fische.

I. PERCA *Cuv.*   Barſch.   kr. oſtréſh.

   1. P. fluviatilis *L.*   Flußbarſch.   potokni oſtréſh *F.* 1.)

      Egli, Rehling, Berſing, Heuerling; kr. oſtréſh, oſtresha an der Gurk, zhóp, zhép; windiſch pirshelz. icon B l o c h 52. M a i d i n g e r t. 5. In Seen und Flüſſen.

II. ACERINA *Cuv.*   Acerine.   kr. okàk.

   1. A. cernua *Sch.*   Kaulbarſch.   seléni okàk *F.* 2.)

      A. vulgaris C u v, Perca cernua L. Kugelbarſch, Steuerbarſch, Schroll; kr. okàk, okuk, okukak, ostresha. icon B l. 53. 2. M a i d. t. 3. In Flüſſen und Seen mit ſandigen oder mergelartigen Grunde.

Zweite Familie.

Cataphracti, mit gepanzerten Wangenknochen.

I. COTTUS *L.*   Koppe.   kr. menkízhek.

   1. C. Gobio *L.*   Kaulkopf.   ſmerkavi menkízhek *F.* 3.)

      Kaulquappe, Kappel; kr. menkízhek, kópel, kàpzh, glavazh? richtar? icon B l. 39. 1. 2. M a i d. 17. In Flüſſen unter Steinen, e. g. Idriza, Iſhza, Kanderſhiza, Laibachfluß, Metnajſhiza, Mudja, Nevelza, ¿Stanigaj¿

II. Malacopterygii abdominales. Stumpf: strahlige Bauchflosser.

————

Erste Familie der Bauchweichflosser.

A. Cyprinoidei. Karpfenartige Fische.

I. CYPRINUS *C.*   Karpf.   kr. karf.

1. C. Carpio *L.*   gemeiner Karpf.   navádni karf *F.* 4.)
    kr. karf. icon B l. 16. M a i d. 6.
    In der Laibach.

2. C. Carassius *L.*   Karausche.   shiroki karf *F.* 5.)
    Gareißel, kr. kórefel, kúrefel P. M. icon Bl. 11. Maid. 27.
    In Strömen und Seen.

3. C. amarus *L.*   Bitterling.   pésdirk karf *F.* 6.)
    C. — et Leuciscus — V o i g t. p. 364 et 373. syn. pésdirk, pésdez bei
    Kaltenbrunn, pesdakleh in Unterkrain. icon Bl. 8. 3. Maid. 37.
    Bei Laibach.

II. BARBUS *Cuv.*   Barbe.   kr. mréna.

4. C. Barbus *L.*   gemeine Barbe.   múftafafta mréna *F.* 7.)
    Flußbarbe, kr. mréna l múfhtazar, gèrba. icon Bl. 18. Maid. 11.
    Niemals in Seen.

III. GOBIO *Cuv.*   Gründling.   kr. gründelz.

5. C. Gobio *L.*   Gründel.   bérkafti gründelz *F.* 8.)
    Greße, Greßling; kr. gründelz, globozhek, greßlenk. icon Bl. 8. 2.
    Maid. 23.
    Am Ausfluß der Seen in sandigem Boden, e. g. Reifnitzer Feiftritz.

IV. TINCA *Cuv.*   Schleihe.   kr. karpozh.

6. C. Tinca *L.*   gemeine Schleihe.   ruméni karpozh *F.* 9.)
    Schlein, kr. karpozh, karpoz, fhlajn, tenka; winbifch linj. icon Bl. 14.
    Maid. 13.
    In stehenden Wässern, in sumpfigen Stellen im Schlamme, in Seitenar=
    men nicht reißender Flüsse; im Gottscheer Bach, Razina, Reifnitzer
    Feiftritz, Rakitnik an der Poick, Shirmanza bei Hölzenegg, ¡Steberziza,
    Gradafhza, Shelodnik, Koftrevnik, ¡Skofelza Bach.

V. ABRAMIS *C.*   Braffen.   kr. kozél.

7. C. (A.) Brama *L.*   Bleih.   seléni kozél. 10.)
    Bleye, Braffen, Flußbrachfen, Brazen; kr. kozél, kazel, nasnavka? icon
    Bl. 13. Maid. 43.
    In Seen mit thonartigem Boden, in sanftfließenden Flüssen.

8. C. (A.) Blicca *L.* Güſter. andróga kozél. 11.)

C. latus Gm. Plötze, Ränke, Weißfiſch; kr. andróga! icon Bl. 10.
In Teichen. Laibach.

9. C. (A.) Vimba *L.* Zärthe. vogríza kozél. 12.)

Wimba, Näßling, Weißfiſch; kr. vogriza! icon Bl. 4. Maid. 38.

VI. LEUCISCUS *Klein.* Weißfiſch. fr. klén.

10. C. (L.) Jeses *L.* Jentling. seléni klén *F.* 13.)

Aland, Göſe, Jeſe, Jeſitz; kr. jêsz, jes; winbiſch jeshevka, jeſevka,
(Mährling,) icon Bl. (6.) Maid. 42.
In reißenden Stellen der Flüſſe. Laibach ꝛc.

11. C. (L.) Leuciscus *L.* Weißfiſch. navádni klén *F.* 14.)

Lauben, Laugeler, Blicke, Alten? kr. klin, klén? icon Bl. 97. f. 1.
Maid. 44.
In klaren Wäſſern, niemals in Seen, in der Idriza, Unz, Reifnitz,
Neuringer Feiſtritz ꝛc.

12. C. (L.) Nasus *L.* Naſenfiſch. múlaſti klén *F.* 15.)

Aſch, Plötze, Schreiber, Makril, Schneiderfiſch; kr. podleſtav, podliſtál?
winbiſch podleſtva, buleſta. icon Bl. (3.) Maid. 12.
In Flüſſen, am Ausfluß derſelben aus den Seen, e. g. in der Laibach,
Gradaſhza, Biſhala, Meinajſhiza, Neuring, Wilbenecker Rieg.

13. C. (L.) erythrophthalmus *L.* Plötze. rujavi klén *F.* 16.)

Rothauge, Rothkarauſche; kr. zhernóvka! icon Bl. 1. Maid. 24.
In ſumpfigen ſtillſtehenden Wäſſern, e. g. bei Laibach.

14. C. (L.) Phoxinus *L.* Ellritze. mali klén *F.* 17.)

Ellerling, Grimpel; kr. ſhévenza, frigel, frigelz. icon Bl. 8. f. 5.
Maid. 39.
In kleinen hellen Bächen, die aus Torfmooren kommen, auch in Flüſſen,
nie in Seen.

15. C. (L.) aspius *Bl.* Raapfe. fril klén. 18.)

Aland, Schied; kr. fril, mrenzhe. icon Bl. 7. Maid. 35.
In klaren ſanftfließenden Wäſſern, Laibach, Ishza, bei Schneeberg, Glo-
bovza bei Eiſenhof.

B. VII. COBITIS *L.* Grundel. fr. ſmérkeſh.

1. C. barbatula *L.* Bartgrundel. ſivi ſmerkeſh *F.* 19.)

Grundel, Schmerle, Flußſchmerle; kr. ſmérkeſh, bábiza. icon Bl. 31. 3.
Maid. 18.
In reinen Flüſſen und Bächen, meiſt unter Steinen, in der Save, Lai-
bach, Shelodnik.

2. C. fossilis *L.* Schlammbeißer. ruméui ſmérkeſh *F.* 20.)

Wetterfiſch, Steinbeißel, Peitzker, Bißgurn, Mißgurn; kr. zhinkla. icon
Bl. 31. 1. Maid. 47.
Im Schlamme der Teiche und Gräben, Flüſſe und Seen.

3. C. Taenia *L.* Steinbeißer. rujávi fmêrkeſh *F.* 21.)

Steinſchmerl, Dorngrundel; ſr. kazhéla, kazél. icon Bl. 31. 2. Maid. 32.
In Flüſſen unter Steinen, in der Laibach.

Zweite Familie der Bauchweichfloſſer.

I. ESOX *L.* Hecht. ſr. ſhúka.

1. E. Lucius *L.* gemeiner Hecht. seléna ſhúka. 22.)

ſhúka. icon Bl. 32. Maid. 40.
In Flüſſen, Seen und Teichen.

Dritte Familie.

Siluroides.

I. SILURUS *L.* Wels. ſr. ſóm.

1. S. Glanis *L.* Wels. jeserſki ſóm. 23.)

Waller, Schaden, Scheibfiſch. ſóm. icon Bl. 34. Maid. 40.
Im Velbeſer See, in der Save, Gurk.

Vierte Familie.

Salmonides.

I. SALMO *C.* Forelle. ſr. poſtéru.

1. S. Hucho *L.* Hauchforelle. ſúlz poſtéru *F.* 24.)

Huchen, Huech; ſr. ſúlz; windiſch rot. icon Bl. 100. Maid. 45.
In Flüſſen und Seen; in der Save, Gradaſhza, Razha, Stangenwald
Reka, Steiner Feiſtriz, Bukhin, Shirmanza.

2. S. Trutta *L.* Lachsforelle. rudezha poſtéru. 25.)

Seeforelle; windiſch slatovka? slatovkiza? icon Bl. 21. Maid. 21.
In der Idriza.

3. S. Fario *L.* gemeine Forelle. navádna poſtéru *F.* 26.)

Flußforelle, schwarze Forelle; ſr. jesérſka poſtéru, zherna poſtérn, po-
ſterva, jeserka. icon Bl. 22. var. 23. Maid. 20.
In klaren Bächen und Flüſſen, schwarze bei Billichgraz.

II. THYMALLUS *Cuv.* Salmo *L.* Aeſche. ſr. lípan.

1. S. Thymallus *L.* gemeine Aeſche. navádni lípan *F.* 27.)

Coregonus thymallus Artedi. Aſch, Sprenzling; ſr. lípan, icon Bl. 24.
Maid. 55.
In Flüſſen, nicht in Seen. Idriza, Save, Gurk, Radola, Leibniz, Stei-
ner Feiſtriz, Kropa, Oſivniza in Gottſche, Radaſhiz.
* Aſchfette lípanza. Axungia jecuris Aschiae. Augenmittel.

III. Malacopterygii subbrachii. Kehlfloſſer.

Erste Familie.

I. **GADUS** *L.* (**Lota** *Cuv.*)　　　**Quappe.**　　　**fr. menèk.**

1. G. Lota *L.*　　　Aalrutte.　　　seléni menèk *F.* 28.)

Aalraupe, Quappe, Truſche; fr. menèk. var. rnméni menèk; winbiſch menizh. icon B l. 70. M a i d. 8.

In Flüſſen und Seen, in der Laibach, ,Shkófelza, Gradaſhza, Selinſki potok, Unz, Shirmanza, bei Haasberg Razina, Gottſcheer Bach; gelb aus der Unzgrotte.

IV. Malacopterygii apodes. Aalartige Fiſche.

I. **MUR.ÆNA** *Lacep.*　　　Aal.　　　　　**fr. ogúr.**

1. M. acutirostris *Risso.* ſchmalföpfiger Aal. ſivi ogúr *F.* 29.)

icon B l. 73 ? V o i g t pag. 455.

In der Idriza gegen Tollmein, äußerſt ſelten.

2. M. latirostris *Risso.* breitföpfiger Aal. seléni ogúr *F.* 30.)

fr. ogúr in Tollmein, oposlak, av, avgúr; winbiſch fugor, kaahur, kazhinka.

Im Fluße Idriza, nicht ſelten.

Zweite Reihe oder siebente Ordnung.

I. Chondropterygii. Knorpelfiſche.

Mit freien Kiemen.

I. **ACIPENSER** *L.* Stör. **fr. kezha, kezhiga, bisma, viscna.**

1. A. Ruthenus *L.*　　　Sterlet.　　　mala kezhiga *F.* 31.)

A. pygmaeus P a l l. ſlav. oſtrina ; ruſſ. zhezhuga. icon B l. 89.

In der Save bei Laibach, bei Luſtthal, ſelten.

III. Cyclostomata. Sauger.

I. **PETROMYZON** *Dum.*　　　Lamprette.　　　**fr. piſhkúr.**

1. P. fluviatilis *L.* Neunauge. opovsli piſhkúr *F.* 32.)

Priche; fr. piſhkúr, pohkazhe. golup? golnf. icon B l. 78. 1. M a i d. 50. In der Laibach, Iſhza, Metnajſhiza, Schwarzenbach.

* Blatesh, bulesh, gerba, goluf, jevshlarza, koſtrevz, omózhel, oſivniza, platniza, pſéſhek, slatovka, vahtarji, noch unbeſtimmt.

INDEX SYNONYMICUS. *)

---

*) Die erſte Ziffer beutet Pag.; unb bie zweite bie fortlaufenbe Nummer.
Synonyma literis cursivis.

Ardeola *Noz.*		
minuta K. B.	29,	184
naevia Briss.	29,	184
Arenaria *B.*	32	—
grisea B.	32,	203
vulgaris Leisl.	32,	203
Arenarius *F.*	32	—
Calidris *M.*	32,	203
Arvicola *Cuv.*	5	—
Ascalópax *K. B.*	31	—
Gallinago K. B.	31,	197
Gallinula K. B.	31,	199
major K. B.	31,	198
Astur *Bechst.*	9	—
Nisus *B.*	9,	16
palumbarius *B.*	9,	15

B.

Barbus *Cuv.*	47	—
Bombinator *Merr.*	44	—
igneus *M.*	44,	20
Bombycilla *Briss.*	12	—
Garrulus *B.*	12,	41
Bombycivora *Temm.*	12	—
Garrulus Temm.	12,	41
Bos *L.*	6	—
Taurus *L.*	6,	50
Botaurus *Briss.*	30,	188
stellaris Br.	30,	188
Branta *Sc.*	39	—
albifrons Sc.	39,	263
Bubo *C.*	10	—
maximus *Sib.*	10,	29
Budytes *Cuv.*	16	—
Boarula *C.*	17,	84
flava *C.*	16,	83
Bufo *Laur.*	44	—
bombinus Latr.	44,	20
Calamita *L.*	44,	17
cinereus Merr.	44,	16
fuscus *Laur.*	44,	18
schreberianus Laur.	44,	19
variabilis	44,	19
viridis Laur.	44,	19
vulgaris *Laur.*	44,	16
Buphus *Boie.*	29	—

Buphus *Boie.*		
comatus K. B.	29,	187
Buteo *Bechst.*	9	—
communis B.	9,	21
Lagopus *B.*	9,	20
vulgaris *B.*	9,	21

C.

Calamita *Merr.*	43	—
Calamophilus *Leach.*	19,	106
biarmicus	19,	106
Calidris *Cuv.*	31	—
arenaria Ill.	32,	203
cinerea *L.*	31,	201
ferruginea C.	31,	201
grisea Br.	31,	201
minuta *Leisl.*	31,	202
naevia Br.	31,	201
Canis *L.*	4	—
Lupus *L.*	4,	24
Vulpes *L.*	4,	25
Capella *K. B.*	6	—
Rupicapra *K. B.*	6,	47
Capra *L.*	6	—
Hircus *L.*	6,	48
Caprimulgus *L.*	18	—
europaeus *L. Sc.*	18,	94
punctatus M.	18,	94
Carbo *M.*	37	—
Cormoranus M.	37,	244
Graculus M.	37,	245
Carduelis *Cuv.*	21	—
nobilis *Alb.*	21,	120
Caryocatactes *Cuv.*	23	—
nucifraga *Nils.*	23,	141
Catarrhacta *Brünn.*	36	—
Cephus Brünn.	36,	237
parasita Brünn.	36,	236
Cepphus *Pall.*	35	—
Certhia *L.*	23	—
familiaris *L. Sc.*	23,	144
muraria L.	24,	145
Cervus *L.*	6	—
Capreolus *L.*	6,	46
Elaphus *L.*	6,	45
Charadrius *L.*	28	—

Falco *Bechst.*		
parasiticus Lath.	9,	18
peregrinus Cuv.	7,	4
polyorhynchos B.	9,	19
Pygargus L.	9,	22
Regulus Pall.	7,	6
rufipes Bes.	8,	9
rufus Gm.	9,	22
rufus L.	10,	24
Subbuteo *L.*	7,	5
tinnunculoides **Temm.**	8,	8
Tinnunculus *L. Sc.*	8,	7
uliginosus	9,	22
variegatus Gm.	9,	21
vespertinus Gm.	8,	9
Felis *L.*	4	—
Catus *L.*	4,	27
fossilis spelaea	4,	28
Lynx *L.*	4,	26
Ficedula *Koch.*	16	—
Fitis Koch.	16,	77
Hippolais K.	16,	78
Phoenicurus K. B.	14,	59
rubecula B.	14,	57
Sibilatrix K.	16,	79
Trochilus K.	16,	77
Foetorius *K. B.*	3	—
Erminea *(L.)*	3,	20
Putorius *K. B.*	3,	18
vulgaris *(L.)*	3,	19
Fregilus *Cuv.*	24	—
Graculus *C.*	24,	146
Fringilla *Cuv.*	20	—
borealis Vieill.	21,	121
campestris Schr.	20,	116
cannabina L. Sc.	21,	122
Carduelis L.	21,	120
Chloris L.	21,	127
citrinella L.	21,	124
Coccothraustes L.	21,	126
coelebs *L. Sc.*	20,	117
domestica L. Sc.	20,	115
erythrina M.	22,	132
flammea L. Retz.	22,	132
Linaria L.	21,	121
Linota Lath.	21,	122

Fringilla *Cuv.*		
montana L. Sc.	20,	116
Montifringilla *L.*	20,	118
nivalis *L.*	20,	119
Petronia L.	21,	128
rufescens Vieill.	21,	121
Spinus L.	21,	123
Fulica *L.*	34	—
aethiops Gm.	34,	220
albiventris Sc.	34,	219
aterrima Gm.	34,	220
atra *Gm. Sc.*	34,	220
Chloropus Gm. Sc.	34,	219
fistulans Gm.	34,	219
fusca Gm.	34,	219
major Br.	34,	219
naevia Gm.	33,	216
Fuligula *Raj.*	38	—
ferina Raj.	38,	253
marila Raj.	38,	254

G.

Gadus *L.*	50	—
Lota *L.*	50,	28
Gallina *Noz.*	31,	198
Gallinula *Lath.*	34	—
Bailonii Vieill.	33,	217
Chloropus *Lath.*	34,	219
Crex Temm.	33,	215
fusca Lath.	34,	219
Porzana Lath.	33,	216
pusilla B.	34,	218
sericea Will.	33,	214
Garrulus *Cuv.*	23	—
glandarius *C.*	23,	140
Gavia *Briss.*	36	—
grisea Br.	36,	232
vulgaris Noz.	28,	179
Gecinus *Boie.*	25, 151,	152
Glareola *Gm.*	34	—
austriaca Gm.	34,	221
naevia Gm.	34,	221
pratincola L.	34,	221
torquata *M.*	34,	221
Glaucion *K. B.*	38	—
Clangula K. B.	38,	252

Ruticilla *Ph.*			**Scolopax** *Cuv.*			
Phoenicurus Br.	14,	59	*Phaeopus Sc.*	30,	194,	195
Tithys Br.	14,	60	*Phaeopus L.*		31,	195
S.			rusticola *L. Sc.*		31,	196
			Totanus		32,	207
Salamandra *Laur.*	44	—	**Scops** *Sav.*		11,	34
atra *Laur.*	44,	22	**Scotaeus** *K. B.*		30,	189
fusca Gessn.	44,	22	*Nycticorax K. B.*		30,	189
maculosa *Laur.*	44,	21	**Seps** *Laur.*		41	—
terrestris Wurfb.	44,	21	*agilis Schr.*		41,	4
Salicaria *Selby.*	14,	63	*Argus Laur.*		41,	4
aquatica S.	15,	66	*coerulescens Laur.*		41,	4
arundinacea S.	14,	64	*muralis Laur.*		41,	4 b
Cariceti S.	15,	67	**Silurus** *L.*		49	—
Phragmitis S.	15,	65	Glanis *L.*		49,	23
turdoides S.	14,	63	**Siren** *Schr.*		45	—
Salmo *Cuv.*	49	—	*anguinea Schn.*		45,	26
Fario L.	49,	26	**Sitta** *L.*		23	—
Hucho *L.*	49,	24	caesia *M.*		23,	143
Thymallus L.	49,	27	europaea *L. Sc.*		23,	143
Trutta *L.*	49,	25	**Sorex** *L.*		2	—
Saxicola *B.*	13	—	araneus *L.*		2,	12
Oenanthe *B.*	13,	56	fodiens *Gm.*		2,	13
Rubetra *B.*	13,	55	**Squatarola** *Cuv.*		28	—
Rubicola *B.*	13,	54	*helvetica K. B.*		28,	178
Sciurus *L.*	4	—	melanogaster *C.*		28,	178
vulgaris *L.*	4,	29	**Starna** *Br.*		26	—
Scolopax *Cuv.*	31	—	*cinerea Br.*		26,	164
aegocephala Gm.	31,	200	**Sterna** *L.*		36	—
arquata L.	30,	194	*Boysii Lath.*		36,	240
belgica Gm.	31,	200	*canescens M.*		36,	240
borealis Gm.	31,	195	cantiaca *Gm.*		36,	240
Calidris L.	32,	207	*columbina Schr.*		36,	240
cantabrigiensis Gm.	32,	207	*fissipes Gm.*		37,	241
curonicus Gm.	32,	207	*fissipes Pall.*		37,	242
Falcinellus L.	30,	193	Hirundo *L. Sc.*		36,	238
fusca L.	32,	207	minuta *L.*		36,	239
Gallinago *L. Sc.*	31,	197	leucoptera *Sch.*		37,	242
Gallinula *L. Sc.*	31,	199	*naevia Gm.*		37,	241
Gambetta L.	32,	208	nigra *Briss.*		36,	241
Glottis B.	32,	206	*nigra L.*		37,	242
limosa L.	31,	200	*obscura M.*		37,	241
major *Gm.*	31,	198	*parva Penn.*		36,	239
media Frsh.	31,	198	*striata Gm.*		36,	240
nigra Gm.	32,	207	*Stüberica Otto.*		36,	240
paludosa Retz.	31,	198	**Strix** *Sav.*		10	—

Testudo L.		Tringa Temm.	
orbicularis L.	41, 2	Cinclus L.	32, 204
Tetrao L.	26 —	cinerea Temm.	31, 201
albus Gm.	26, 163	equestris Lath.	32, 205
betulinus Sc.?	26, 162	ferruginea M.	31, 201
Bonasia L.	26, 162	Gambetta Sc.	32, 207
canus Gm.	26, 162	Gambetta Gm.	32, 208
Coturnix L.	27, 166	Glareola Pall.	31, 201
Lagopus L. Sc.	26, 163	grenovicensis Lath.	32, 205
nemesianus Sc.?	26, 162	grisea Gm.	31, 201
Perdix L.	26, 164	helvetica Gm.	28, 178
rupestris Gm.	26, 163	hypoleucus L. N.	33, 211
Tetrix L. Sc.	26, 161	islandica Gm.	31, 201
Urogallus L. Sc.	26, 160	littorea	33, 210
Tetrastes K. B.	26 —	minuta Temm.	31, 202
Bonasia K. B.	26, 162	Ochropus L.	33, 210
Thalassidroma Vig.	35 —	Porzana Sc.	33, 216
pelagica Vig.	35, 229	pugnax L. Sc.	32, 205
Thymallus Cuv.	49 —	pusilla M. W.	31, 202
Tichodroma Ill.	24 —	rufa Wils.	31, 201
muraria V.	24, 145	rufescens B.	32, 205
phoenicoptera Ill.	24, 145	ruficollis Gm.	32, 204
Tinca Cuv.	47 —	squatarola Auct.	28, 178
Totanus B.	32 —	tridactyla Pall.	32, 203
Calidris B.	32, 208	Vanellus L. Sc.	28, 179
chloropus M.	32, 206	varia Gm.	28, 178
fistulans N. B.	32, 206	variabilis M.	32, 204
fuscus Leisl. B.	32, 207	variegata Brünn.	32, 205, 208
Gambetta V.	32, 208	Triton Laur.	44 —
Glottis L.	32, 206	alpestris Laur.	44, 23
griseus B.	32, 206	cristatus Laur.	45, 24
hypoleucus Temm.	33, 211	palustris Merr.	45, 24
limosus B.	31, 200	punctatus Sch.	45, 25
maculatus B.	32, 207	Trochilus	16 —
naevius Br.	32, 208	lotharingicus Gm.	16, 80
natans B.	32, 207	Troglodytes Cuv.	16 —
Ochropus Temm.	33, 210	parvulus K.	16, 81
stagnatilis B.	32, 209	punctatus V.	16, 81
striatus Br.	32, 208	Turdus L.	12 —
Tringa Temm.	31 —	arundinaceus L.	14, 63
alpina Gm.	32, 204	ater Merula Noz.	12, 42
arenaria L.	32, 203	Cinclus Lath.	13, 50
atra Gm.	32, 207	cyanus L.	12, 45
australis Gm.	31, 201	iliacus L. Sc.	12, 49
canutus Gm.	31, 201	junco Noz.	14, 63
canutus Retz.	33, 211	junco minor Noz.	15, 66

9

Turdus L.			Vespertilio L.		
Merula L. Sc.	12,	42	murinus E.	1,	3
musicus L. Sc.	12,	48	Myotis B.	1,	3
pilaris L. Sc.	12,	47	Noctula L.	2,	7
pilaris minor Noz.	12,	48	Pipistrellus Gm.	2,	8
roseus L.	13,	51	proterus K.	2,	7
saxatilis Lath. Sc.	12,	44	serotinus L.	1,	5
seleucus Gm.	13,	51	submurinus Br.	1,	3
solitarius Enl.	12,	45	Vesperugo K. B.	2	—
torquatus L.	12,	43	Kuhlii K B.	2,	6
viscivorus L. Sc.	12,	46	Noctula K. B.	2,	7
Typhlus K.	42	—	Pipistrellus K. B.	2,	8
fragilis K.	42,	5	Vesperus Daub.	1	—
lineatus Laur.	42,	5	serotinus D.	1,	5

U.

			Vipera Daud.	43	—
Ulula Cuv.	10	—	Ammodytes D.	43,	11
Aluco Cuv.	10,	28	illyrica Aldr.	43,	11
Upupa L.	24	—	Prester C.	43,	12
Epops L. Sc.	24,	147	Vulpanser K. B.	39	—
Ursus L.	3	—	Tadorna	39,	259
Arctos L.	3,	15	Vultur L.	7	—
Meles L.	3,	17	albicilla L.	8,	12
spelaeus Cuv.	3,	16	alpinus Br.	7,	1
Taxus Schrb.	3,	17	Arrianus Pic.	7,	2

V.

			barbatus L.	7,	3
Vanellus C.	28	—	bengalensis V.	7,	2
			cinereus L.	7,	2
cristatus M.	28,	179	cristatus V.	7,	2
griseus Br.	28,	178	fulvus Gm.	7,	1
helveticus Br.	28,	178	leucocephalus M.	7,	1
melanogaster M.	28,	178	Monachus Pl. E.	7,	2
rarius Br.	28,	178	niger V.	7,	2
Vespertilio L.	1	—	percnopterus D. O.	7,	1
auritus L.	2,	9	Trencalos B.	7,	1
Barbastellus Gm.	2,	10	vulgaris V.	7,	2
Daubentonii Leisl.	1,	4			

Y.

ferrum equinum L.	1,	1	Yunx L.	26	—
Kuhlii Natt.	2,	6	Torquilla L.	26,	158
lasiopterus Schreb.	2,	7			

Register.

KASÁLO.

jonſt	10,	29	kèrt	2	—
iſhperl	17,	85	ruméni	2,	14
juniza	6,	50	zherni	2,	14
júnz	6,	50	kertiza	2 *et* 5,	38
K.			kezha	50	—
			kezhiga	50,	31
kájna	9,	21	mala	50,	31
kózaſta	9,	20	kifez	28,	179
miſhja	9,	21	klávshar	23, 141 *et* 146	
kajnek	9,	21	klén?	48,	14
kalandra	18,	98	mali	48,	17
kalín	22,	129	múlaſti	48,	15
kamenizhar	12,	44	navadni	48,	14
kánja	9,	21	rujávi	48,	16
kanjaz	9,	21	seléni	48,	13
kánjek	9,	21	kleſk	23,	141
kanjuh	9,	21	klin	48,	14
kápelj	46,	3	kljunázh	31,	196
kàpzh	46,	3	klokar	25,	150
karſ	47	—	kornjazha	41,	2
navádni	47,	4	klukovez	25,	150
ſhiroki	47,	5	kluſa	6,	43
karpoz	47,	9	kna	3,	21
kárpozh	47	—	knipka	38,	251
ruméni	47,	9	kobíla	6,	43
kávka	23,	138	kobílar	13	—
kavrán	30,	189	ruméni	13,	53
mali	37,	245	koju	6,	43
velki	37,	244	kojna	3,	21
kavranozh	30,	189	kojnana	3,	21
kazélj 47, 10 *et* p.	49,	21	kokóſh	26	—
kázha	42	—	mala divja	26,	161
bela	42,	8	kokoſhár	9,	18
kóbraſta	43,	10	koletra	30,	192
rújava	42,	7	kolpetra	30,	192
rumeníva	42,	8	kómatar	12,	43
seléna	43,	9	konj	6	—
ſmerdliva	43,	10	konópka	21,	127
kázhar	8	—	konopljenka	21,	122
gojsdni	8,	14	konopliſhiza	21,	122
kazhéla	49,	21	láſhka	21,	124
kazhinka	50,	30	mórſka	21,	121
kazhur	50,	30	prava	21,	122
kembelj	39,	258	konopnjak	21,	122
keniza	3,	21	konopníza	39,	262
kepèn	3,	20	kopitke	6	—

korar	22,	129	krezhlik	33,	215
kórefelj	47,	5	krivokljunz	22,	130
kornbrat	31,	196	krogular	9,	16
kornjazha	41,	2	krókar	22,	134
kôf 12, 42 et	13	—	krókarza	23	—
povódni 13, 50 et	24,	149	seléna	23,	142
vifhneli	24,	149	króta	44	—
vódni	13,	50	rujava	44,	18
kósa	6	—	seléna	44,	19
pervajena	6,	48	fmerdlíva	44,	17
pezhna	6,	47	velka	44,	18
kósamovsu	18,	94	krúmpesh	22,	131
kósel	6	—	mali	22,	130
kófez	33,	215	velki	22,	131
gráhafti	33,	216	kúkoviza	26	—
mali	34,	218	navádna	26,	159
páglovi	33,	217	rujáva	26,	159
trávnifki	33,	215	fiva	26,	159
kofhtrun	6,	49	kumpalj	22,	129
kofhúta	6,	45	kuna	3	—
kosíza	31,	197	hifhna	3,	22
kósle	6,	48	shlahtna	3,	21
kóslizhek	6,	48	kúra	26	—
koftrevz?	50	—	béla	26,	163
kósu	6	—	gójsdna	26,	162
kotórna	27,	165	rúfhova	26,	161
kóvazhek	16,	77	veljka	26,	160
kozelj	47	—	kúrefelj	47,	5
seléni	47,	10	kúretna	26	—
kozhcj	5,	42	kúfhar	41,	3
kraguljzh	9,	16	kusla	4	—
králjizhek	16,	75	kvaka	30,	189
krampazh	30,	189			
krámperza	13	—	**L.**		
planínfka	13,	52	labúd	37	—
kranzhek	20,	116	divji	37,	247
kráva	6,	50	domazhi	37,	246
kraz	33,	215	rudezhokljunafti	37,	246
krégulj, krégul	9,	16	zhernokljunafti	37,	247
golóbji	9,	15	lajn	9,	17
mali	9,	16	láftovza	17	—
kréguljzhek	9,	16	brégja	18,	93
kréheljz	39,	265	mala	17,	91
kreka	25,	150	morfka?	34,	221
krekovt 23, 141 et	25,	150	velka	17,	89
krépliza	39,	264	zherna	18,	92

11

R.

ragar	29,	182
rajka	23,	138
rángar	29	—
fivi	29,	182
velki beli	29,	186
rángarzhik	29	—
beli	29,	185
mali	29,	184
ráza	38	—
divja	39,	261
dólgorepna	39,	260
kóftanjeva	38,	255
mala	39,	265
mórfka	39,	259
navádna	39,	261
rujávka	38,	254
simfka	38,	251
fívka	38,	253
svishgáva	39,	263
svonz	38,	252
velka	39,	261
zherna	38,	250
zhópafta	38,	256
razhar	10,	24
rázman	39,	261
regeljz	39,	264
regeljza	39,	264
régliza	39,	264
répaljfhiza 13, 55 et	21,	122
répnik	21,	122
reshgotinz?	40	—
ribiza	45	—
zhlovéfhka	45,	26
ribizh 24, 149;	36,	238
et	40,	266
rihtar?	46,	3
rif, rifa	4,	26
rofíza	43,	10
rot	49,	24
rudézhorepka	14,	59
rujávka	38,	254
rúfhovèz	26,	161

S.

fávfhiza	40, 266 et	267
velka	40,	266
fekólz	9,	15
feníza	18	—
bérkafta	19,	106
borfhtna	18, 99 et	100
dolgorepna	19,	105
gojsdna	19,	100
norzháva	19,	101
pláva	19,	103
térftna	19,	102
velka	18,	99
zhópafta	19,	104
fèrna, fernák	6,	46
fesávka	17,	84
fezna	6,	46
fhapeljza	19,	104
fhatorniza	44,	17
fherfhenár	9	—
koftanjevi	9,	19
fheftopirenza	1,	3
fhévenza	48,	17
fhilman	44,	16
fhínkovez	20	—
navádni	20,	117
planinfki	20,	119
fhifhmifh	2,	7
fhkarjovèz	26,	161
fhkàrnjek	9	—
koftanjevi	9,	18
rujavi	9,	17
fhkerjánz	18	—
blátni	18,	96
hoftni	18,	97
lafhki	18,	98
pôljfki	18,	95
rujavi	17,	88
trávenfki	17,	86
velki	18,	98
zhópafti	18,	96
fhkerlj	12,	44
fhkórz	13 et 22	—
pifani	22,	133
planínfki	13,	52

zháplja	29 *et* 30, 189	zhlovéfhka ríbiza	45, 26
bela	29, 186	zhokéta	31, 198
bóbuarza	30, 188	zhóp	46, 1
mala	29, 184	zhovínk	11, 33
podgavre	29, 185	zhovítelj	11, 33
prava	30, 189	zhúdesh	26, 158
rujáva	29, 183	vioglavi	26, 158
ruména	29, 187	zhúk	11 —
fiva	29, 182	úhafti	11, 34
zhaupèrza	19, 104	zíkovt	12, 48
zhek	20, 118	zipa	17, —
zhekelj	20, 118	mala	17, 85
zhép	46, 1	pervódna	17, 87
zherniza	38 *et* 43, 9	rujáva	17, 88
velka	38, 250	trávenfka	17, 86
zhópafta	38, 256	velka	18, 97
zhernoglávka	15, 68	zísa	16, 43
zhérnóvka	48, 16	zísek	15, 71 *et* 21, 123
zhezhuga	50, 31	mórfki	21, 121
zhinkla	48, 20	terftni	15, 71
zhiuka	20, 117	zverzek	21, 121

Addenda et corrigenda.

Pag. 4 Nr. 28. Nebst dieser Kinnlade von derselben Stelle ist auch ein Mittel-
bein der großen Zehe linker Hintertatze, 5 Zoll lang, 7/8 Zoll
breit, vorhanden; welches vermuthlich dieser Katze angehörte.

Bronn Lethaea geognostica kam nach bereits abgedrucktem
Bogen zu Handen. Tab. XLV. Fig. 9 gibt eine ähnliche verklei-
nerte Kinnlade der Felis Arvernensis Cr. J. et Cuvier carnassiers
fossiles, tom. IV. (1812) tab. I. fig. 7. Felis ignota Jaguari si-
milis.

3 ist statt Mustella: Mustela zu lesen.

5 Zeile 2 von oben, ist statt mifh: mish zu lesen.

11 11 von oben, ist nach G m.: Noctua Retz. zu streichen.

11 6 von unten, ist statt rutillus: rutilus zu lesen.

12 3 von unten, ist statt illiacus: iliacus zu lesen.

12 14 von unten, ist statt B o c e: B o i e zu lesen.

21 Nr. 124 ist statt citrinella: citrinellus zu lesen.

23 letzte Zeile ist statt pisani: pisani zu lesen.

24 Zeile 8 bis 9 von oben, ist statt marva: mavra zu lesen.

35 11 von oben, ist statt cepphus: Cepphus zu setzen.

39 16 von unten, ist statt sesla: sesla zu lesen.

45 12 von unten, ist statt Monagrafia: Monografia zu lesen.

50 letzte Zeile, ist statt psehek: plefhek zu lesen

www.ingramcontent.com/pod-product-compliance
Lightning Source LLC
Chambersburg PA
CBHW021944220326
41599CB00013BA/1675